|飼育の教科書シリーズ|

ニシアフリカトカゲモドキの教科書

How to keep African fat-tailed gecko

ニシアフリカトカゲモドキの基礎知識から
飼育・繁殖方法と各品種の紹介

introduction

lovely Fat-tailed gecko

あのレオパ（ヒョウモントカゲモドキの愛称）よりも

おっとりした性格の多いニシアフリカトカゲモドキ。

ニシアフの愛称でも親しまれています。

charming

Fat-tail

ed gecko

CONTENTS

ニシアフリカトカゲモドキの基礎

- basic of Fat tail gecko -

まずは基礎知識編からスタート！
古くから流通の多い種類ですが、
意外と基本的な情報を知らない人も多いのも事実。
彼らの故郷（生息地）のデータなども含めて紹介していきます。
基本を会得せずに先へ進んでも良いことはありません！

LESSON

01 飼育の魅力

ニシアフリカトカゲモドキを飼育するうえで大きな魅力を1つ挙げるとするならば、「おっとりした動き」。ハンドリング（手で持ったりすること）が容易なヤモリといえば、やはりどうしてもレオパードゲッコー（ヒョウモントカゲモドキ。以下、レオパードゲッコー）を挙げる人が多いと思うが、個人的には本種のほうが確実に容易だと考える。野生採集個体（WC個体）は入荷当初こそ多少バタつく個体もいるが、繁殖個体（CB個体）に関してはもはやフィギュアか？　というほどにほぼ無抵抗という状態で“持たれて”くれる。もちろん、筆者は飼育する爬虫類への必要以上の接触や干渉を全く推奨しないが、せっかく触ることができる種類なら、少し触れ合いたくなるのも理解できる。

そういう意味で本種は、初めて爬虫類を扱う人（飼育という意味ではなく、持ったりするという意味で）には、レオパードゲッコー以上におすすめしたい種類だ。もちろん、飼育においても特筆して難しい点があるわけでもないので、今後はレオパードゲッコーの地位を脅かすくらいまでになるのでは？　と、勝手に思う次第である。

LESSON

02

はじめに（ニシアフリカトカゲモドキとは？）

流通名および和名 ニシアフリカトカゲモドキ／ファットテールゲッコー
学名 *Hemitheconyx caudicinctus*
分布 西はセネガルから、東はカメルーン西部までのアフリカ西部の広範囲
全長 18～25cm 前後

ニシアフリカトカゲモドキは、その和名のとおりアフリカ西部（トーゴ・ガーナ・ベナン・ナイジェリアなど）に広く分布する地上棲（地上が主な生活圏）ヤモリの仲間である。トカゲモドキというと、まず「トカゲなの？　ヤモリなの?」と思われる人も少なくないと思うが、言ってしまえばヤモリもトカゲの仲間に入るので、トカゲでもあるしヤモリでもある。それではやや意地悪な回答なので真面目に解説をすると、トカゲモドキはシンプルに言えば「瞼（まぶた）のあるヤモリ」である。「え？」と思われるかもしれないが、冷静に思い浮かべていただきたい。そう、日本でも壁に貼り付いているヤモリ（ニホンヤモリなど）やクレステッドゲッコー／オウカンミカドヤモリ（*Correlophus ciliatus*）・トッケイ（*Gekko gecko*）に瞼はない。瞼のあるヤモリというのは実は一部の種類に限られるのである。逆に、トカゲはニホントカゲにしてもオオトカゲにしてもアゴヒゲトカゲにしても、ほとんどの種類において瞼を持つ。そういう意味から、トカゲに似た特徴を持つヤモリということで「トカゲモドキ」という名が付いたのである。

ニシアフリカトカゲモドキは「Fat tail gecko（ファットテールゲッコー）（またはAfrican fat-tailed gecko)」という英名を持つ。この名で呼ぶ日本の飼育者も少なくない。意味合いとしては「fat＝太った」「tail＝尾」のヤモリであり、見た特徴そのままというところである。本種はレオパードゲッコー同様に尾に栄養分を蓄えることのできる種類であり、しっかりと栄養を蓄

えた本種の尾はレオパードゲッコーを凌ぐほどみごとなためこの名が付けられたと考えられる。もしくは、本種の再生尾（1度切れた尾が再度生えてきた個体）を指している可能性もある。後述するが、ニシアフリカトカゲモドキは野生下において再生尾の多い種である。再生尾は通常の尾に比べて太短くなることが多く、最初に発見した人間がその再生尾が普通だと思った故に付けられた「fat tail」なのかもしれない。

主に夜行性で、昼間は岩の下や隙間・倒木の下など身を隠せる巣穴のような場所で休み、夜間に出てきて夜行性の昆虫類や小型哺乳類などを捕食する。ほぼ完全な肉食（食虫性）であるため、植物や果物などを自発的に食べることはない。また、自然下において死んでいる虫類や小動物などを自発的に捕食することもない。しかし、捕食に関しては貪欲な面を持っており、飼育に慣れた個体はやりかたによって冷凍飼料や人工飼料を臆せず食べてくれる個体も多く、飼育者としては安心材料だと考える。

15〜20年ほど前までは、本種の流通の大半（80〜90%前後であろうか?）が野生採集個体（WC個体）であったと言える。それは本種が生息している西アフリカ諸国からの生き物の輸入が非常に活発であったことも大きな要因だと考えられる。実際、2021年1月現在も、全世界をみても西アフリカ諸国からの爬虫類の輸入は非常に多い。しかし、近年、採集数は減少傾向にあり、昔に比べて価格も数倍になっている。一方で繁殖個体（CB個体）の流通が非常に活発化しており、ノーマル個体はもちろん、ここ10年前後でさまざまな品種が流通するようになった。それに比例するかのように人気も上昇してきたと言えるだろう。後述するが、品種こそまだレオパードゲッコーに比べれば全然少ないものの、レオパードゲッコーにはない色柄が多数存在する。まだ未知（未開拓）な品種がいくつも存在すると考えられ、今後の楽しみも多い種類だと言えるだろう。

ニホンヤモリをなどのヤモリの仲間は瞼がなく眼を閉じることができない

瞼を閉じるニシアフリカトカゲモドキ

再生尾のニシアフリカトカゲモドキ。通常の尾よりも太短いことが多い

LESSON

03

近年の輸入状況とWC個体の流通の現状

先ほどにも少し触れたが、本種は野生採集個体（WC個体）の流通が非常に多い。近年はだいぶ減少したと言えるが、それでも流通量を見たら五分五分か、まだWC個体のほうが多いと考える。

近年はトーゴからの輸入が多く、次いでお隣のガーナであろう。この2カ国が流通するWC個体の90%前後を占めていると考えられる。残る10%前後をナイジェリア・ベナンが分けるような状況であるが、その2カ国からわざわざ輸入することも少ない。産地による特徴が議論されることも多いが、筆者はそれら全ての国の個体を多数見たものの、正直、差異は全くないと感じている。サイズ差があるという人も多いが、それは単に採集圧の違いで、採集圧が少ない国（ナイジェリアやベナン）からくる個体が大型のニシアフリカトカゲモドキが多いというだけだと推測する。

以前は現地輸出者の知識や経験が乏しく、輸送環境が悪いが故に到着の状態が悪い個体が非常に多かった。特に多かったのは脱水で、現地で輸出者によって出荷までストックされ、梱包されて日本へ到着するまで数日間（下手したら10日以上）、水が飲めない状態になっていた状況も多かったと考えられる。しかし、今では、トーゴやガーナにおいても通信手段やインターネット環境も充実しており、少し調べれば世界中の情報が手に入る。また、知識のある輸入者が現地にストック方法を伝授することも十分可能であるため、現地でのストック状況は格段に改善され、昔に比べて良い状態で輸入されることが多くなったと考えられる。筆者も西アフリカ諸国から10年以上輸入を行なっているが、輸送状態は全ての生き物において目に見えて良くなっており、輸送においてもさまざまな工夫が見られる。何度か出荷して結果が良くない種類においては、向こうから「どのような梱包方法が良いと思うか?」と質問が届く。それはスマホのアプリを駆使し、時には動画付きで電話がかかってくるのだから驚きである。

近年、WC個体の価格は徐々に上がっている。これは現地からの輸出価格が上昇しているのは事実であり、採集できる数が減っていたり、現地の人々の労働賃金が上がっていたり、さまざまな要因が絡んでいるものだと思う。「昔は○○円だったのにな～」という人も少なくないが、それを言って昔が戻ってくるわけでもなく、どうにもならない。「買うことのできない○○円で一生お探しなさい」と言うしかない。今のところ西アフリカ諸国が生き物の輸出を完全にストップしてしまうということは考えづらいが、2021年1月現在、タンザニアが5～6年前に生き物の輸出を突如として完全にストップしてしまった事例を考えると、可能性がゼロでというわけではない。レオパードゲッコーもWC個体の流通自体がほぼ皆無となってしまっていることを鑑みれば、WC個体が定期的に流通しているだけでも良しと考えたいところである。

LESSON

04

生息している国と そこの気候について

生息地はアフリカ西部を中心にかなり広い範囲に及んでいる。ここでは近年の主な輸入先（輸出国）となっているトーゴの気候を見てみたい。

トーゴという国は、一般に生活しているうえではほぼ無縁（名前も聞いたことがなかった）という人も多いと思う。筆者も実際、この仕事を始めるまでは名前も聞いたことがなかった、というのが正直なところである。地理的には大西洋に面したアフリカ西部の国で、ガーナの東隣り、ベナンの西隣りである。ガーナといえばすぐにチョコレートを連想する人が多いかもしれない。もちろん、言わずと知れたカカオ豆の一大生産国である。トーゴもカカオ豆などの農業が盛んであるが、国としては世界最貧国の1つであり、生き物の輸出も大切な外貨獲得の手段となっていると考えられる。首都は大西洋沿岸部のロメという都市である。しかし、肝心のニシアフリカトカゲモドキは沿岸部には生息しておらず、やや内陸に寄ったあたりから北部のブルキナファソとの国境までがトーゴでの生息地とされている。国のほぼ全域がサバナ気候（サバンナ気候）であり、気温は年間を通じて大きな上下はないが、降水量にメリハリがあり、他の気候の地域よりも雨季と乾季が非常にはっきりと分かれている。そのため、植物は乾燥に強い種類の植物が生え、主として草原のような場所が多くなる。われわれのイメージしている“サバンナ”というところだろうか。

土はラテライト（日本名:紅土）という、鉄やアルミニウムの水酸化物を主成分とする土壌が中心である。これはいわゆるアフリカのイメージの赤土とは違う。後述するが、ニシアフリカトカゲモドキに限らず、トカゲモドキの仲間は歩きながら地面を舐める習性がある。故に、鉄やアルミニウムを多く含む土壌を舐めることにより、鉄分やその他微量元素を摂取している可能性は非常に高い。これは長期飼育や繁殖などにヒントとなるかもしれないと考える。

話がやや逸れてしまったが、気温と降水

量の話に戻る。トーゴの中央付近の変動を見てみると、1〜4月中旬頃までが年間で最も暑い時期であり、その間の最高気温は平均で34〜35℃前後、最低気温は22〜23℃である。一方で、涼しい季節は6月末〜9月末頃までで、最高気温は平均32〜33℃、最低気温は20〜21℃である。こうしてみると、降水量の影響なのか時期によって多少の寒暖の差は発生するが、やはり激しい気温差はあまりない。一方、降水量の差は非常に大きく、11〜4月下旬頃までが乾季、5〜10月末までが雨季となる。たとえば、最も雨の多いとされる8月下旬〜9月中旬の平均降水量は200mmを超えることも多々ある。一方、乾季において、最も激しいとされる12月〜1月頃の1日の平均降水量は15mmに届くかどうかというほどだ。日本で特に雨の少ない冬季（1月など）ですら40mmなので、いかに降水量が少ないかわかる。

レオパードゲッコーは、野生下において非常に過酷な環境で生息している生き物であるが、こうしてみるとニシアフリカトカゲモドキも過酷な環境で生きていることが想像できると思う。しかし、レオパードゲッコーの野生下の生息地に比べて温度変化があまりないという点と、乾季は激しいながらも極端に乾燥する時期はやや短いという点はだいぶ異なっており、飼育する際は押さえておきたいポイントだ。また、降雨がなくても昼夜の寒暖差があれば夜露などは発生する。乾季だから、または乾燥地域だからと、全く水が飲めないかというとそういうわけでもないということも頭に入れておきたい。

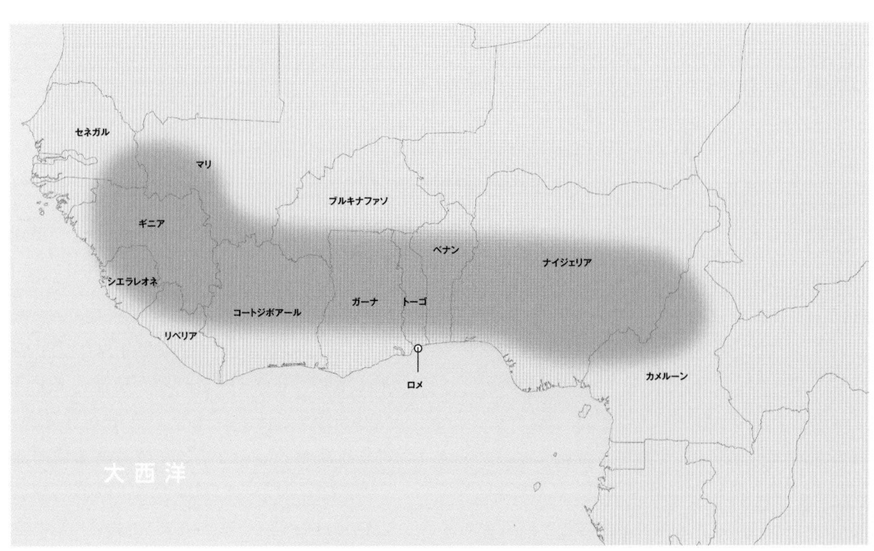

【ニシアフリカトカゲモドキの分布域】

LESSON

05 身体

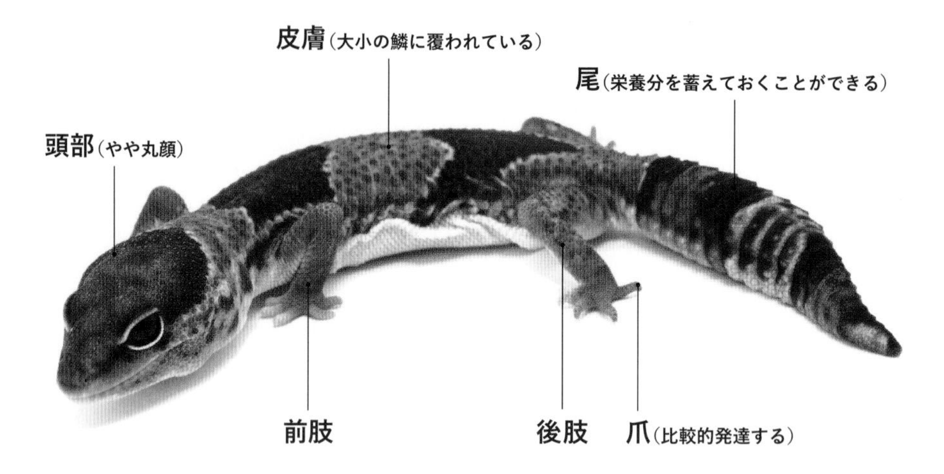

レオパードゲッコーと比較して、手足がやや短めで全体的にずんぐりむっくりな雰囲気のニシアフリカトカゲモドキ。その身体や顔つきが大好きというファンが多い。

完全地上棲（地表棲）のヤモリであり、ツルツルした壁は登れない。代わりに、手足には爪が比較的しっかりと発達しており、多少ザラザラした岩場や低木などは容易に登る。見ために反して運動能力は意外と高いので、よほどの高さがないかぎりは蓋のないケージはやめておいたほうが無難である。

皮膚の質感などはレオパードゲッコーと非常に似ている。大小さまざまな大きさの鱗に覆われていて、ややザラザラ・ゴツゴツした手触りといったところであろうか。ただ、レオパードゲッコーよりも本種のほうが触り心地は少し良いように思う（筆者の主観なので、あまり参考にはならないかもしれないが…）。皮自体は厚いので、よほど強く握ったり擦ったりしないかぎりは皮が剥けてしまうことはほぼあり得ないと考える。

尾に余分な栄養分を蓄積できるようになっている点はレオパードゲッコーと共通であるが、本種のほうが全体的に尾は太短く、特に成体の尾の横幅は非常に太くなる傾向にある。幼体期も多少尾が太くなるが、幼体期は成長に栄養を使うためよほど過剰に餌を食べないかぎりは成体のようなバランスにはならない（なれない）。よって、特に幼体時期は多少尾が細いようであっても心配しすぎないようにしたい。自切（ジセツ）ももちろんするが、突然自らが尾を切ってしまうことは少ない。飼育下においては、外からの圧力（人間が尾を強く握ってしまったり、何かに挟まってしまうようなこと）が主な自切の要因だろう。ついつい触ってしまいたくなる柔らかさであるが、可能なかぎり尾にはダメージを与えないように飼育したい。なお、尾を切ってしまってもレオパードゲッコー同様に生えてくるが、再び生えた尾（再生尾）は形がいびつになる可能性が高い。ただ、時にはまん丸だったりとかわいらしい形の尾になることもあり、再生尾のほうが好きというファンも少なくない。

顔はやや丸顔である。これは特に繁殖個体に言え、野生個体に比べてさらに丸みが増す傾向にある。ただ、もちろん個体差はあり、よく見ると個性豊かな顔が揃っていて、好みの個体を顔で選ぶ人も珍しくない。たまに先天的に下顎が若干出てしまっている個体もいるが、よほどの突出でなければ生きていくうえで影響はないので、「難点」ではなく「個性」だと思っていただければ幸いである。

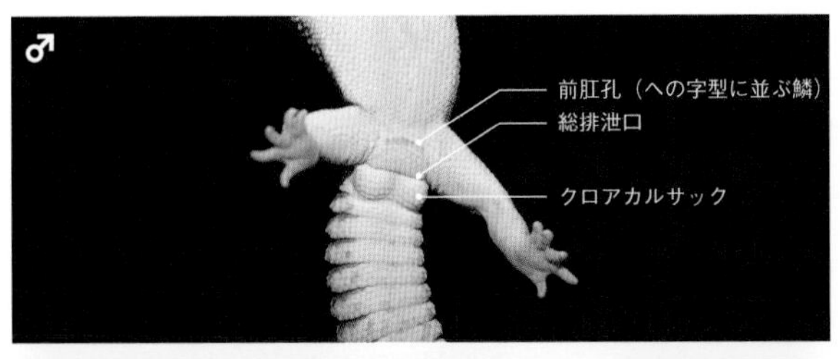

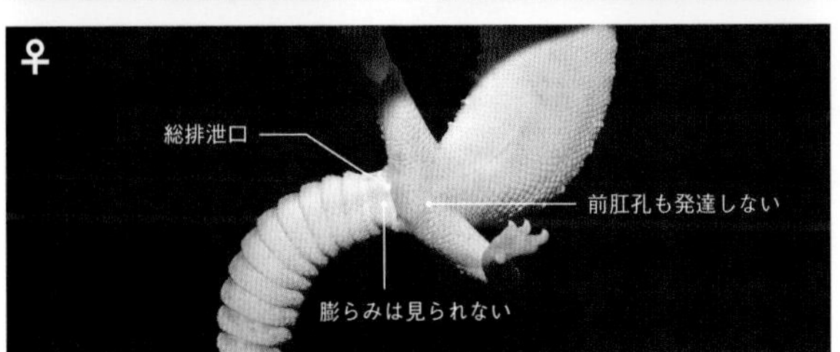

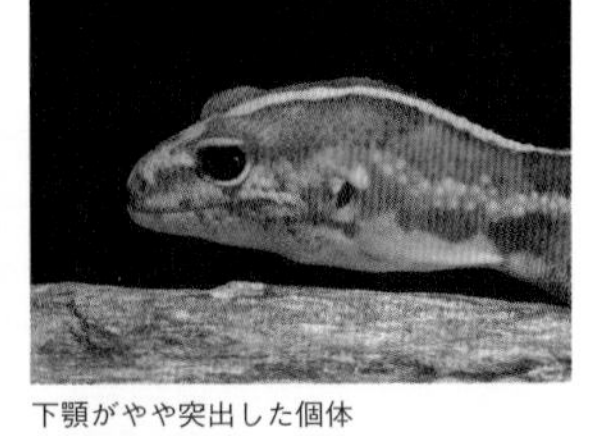
下顎がやや突出した個体

再生尾の個体

迎え入れから
飼育セッティング

- from pick-up to breeding settings -

いよいよ飼育するための準備に入ります。
レオパ飼育の延長で大丈夫?
それとも特別なものが必要?
基本的なセッティング方法と合わせてご紹介します!

LESSON

01 迎え入れと持ち帰りかた

各地で開催される爬虫類イベント

数年前まではレオパードゲッコーの陰に隠れた存在で、ニシアフリカトカゲモドキを取り扱うショップはやや少なく、取り扱っていたとしても野生採集個体（ワイルド個体）が少しいるだけ…という状況が続いていた。しかし、ここ数年になって、モルフ（色変わり個体）も多く流通するようになり、見かける機会は格段に増えた。専門店はもちろん、ホームセンターのインショップや熱帯魚屋などでも少量であれば取り扱っているかもしれない。とはいえ、レオパードゲッコーの流通量と比較したらまだまだ少ないので、特にいろいろなバリエーションを見てみたい、そこから選びたいという人は、ニシアフリカトカゲモドキを普段から積極的に仕入れて販売している専門店を見つけておくと良いだろう。

また、近年開催が盛んな爬虫類イベントでの購入ももちろん悪くない。特にブリーダーイベント（国内繁殖個体を主な出品対象としたイベントなど）では、ニシアフリカトカゲモドキを繁殖している人から直接購入できる機会でもあるので、タイミングが合えばそれも良いと思う。ただし、注意点としてはイベントは近年、特にどこでも非常に活況であり、出展者（お店）も非常に忙しい場合が多い。細かい説明をしたくともできなかったり、また、買う側も遠慮がちになってしまうことも考えられるので、特に初挑戦の人やまだまだ飼育に自信のない人は、可能なかぎり実店舗（できれば専門店）に足を運んで、じっくりと納得いくまで説明を受けると良いだろう。

持ち帰りについては、信頼のできるお店での購入であれば、その時期に合わせて適切なパッキングと保温・保冷処理をしてくれると思うので、基本的にはお店に任せておけば問題ない。しかし、各個人の移動手段や道の状況（極端に暑い・寒いなど）はさすがに把握していないので、それらをお店に伝えたり、ある程度の自衛策（保温バッグの持参など）も必要である。暑さにはそこそこ強く、よほどの真夏の炎天下に放置しないかぎりは、春～秋に関してはほぼ心配はないだろう。真冬は基本的に使い捨てカイロをお店側が用意してくれる場合が多いが、イベントなどではない場合もあるので念のため持参することをおすすめしたい。カイロは、貼る場所によっては暑すぎてオーバーヒート（熱中症）になる危険性もあるので、不安な場合はお店に任せてしまおう。自分で処理する場合は、説明が難しいのだが「これで効くかな?」というくらいの場所に貼ることがポイント。間違ってもプラカップの真下に直張りしてしまうようなことはNGである。多少寒い場合でも死んでしまうことはほぼあり得ないが、逆に暑すぎれば即死に繋がる。勘違いされがちだが、爬虫類に限らず多くの生き物は寒さには意外と強い。寒ければジッと我慢するだけなのに対して、暑さが度を越すと即熱中症で死亡するケースが多いのである。乱暴に言ってしまえば、大きめのニシアフリカトカゲモドキを真冬にカイロなどなしで約1時間、電車などで持ち帰っても死ぬことはないと思う。もちろん、褒められたことではないが、爬虫類に対してこのような考えかたを持っていただけると幸いである。

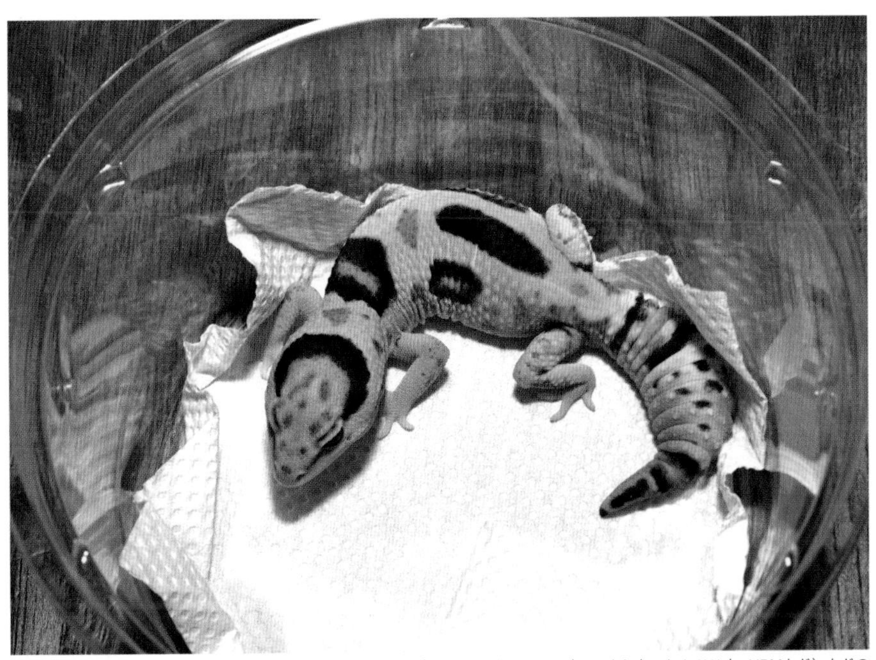

イベントなどではパックに入って売られていることが多い。ブリーダーズイベント（ぶりくら市・とんぶり市・HBMなど）などのほか、ヤモリ専門のゲッコーマーケットというイベントも開催されている。また、各地で爬虫類イベントも開催されており、専門誌（レプファンやクリーパーなど）を開くと、それらの開催情報を得られるほか、専門店などの広告もたくさん掲載されている

LESSON

02 飼育ケースの準備

レオパードゲッコー同様、非常にシンプルな形でも飼育は開始できる。その際に最低限必要となる器具は、

- **通気性があり隙間なく蓋ができるケース**
- **床材**
- **シェルター（隠れ家）**
- **温度計**
- **保温器具**

いずれにしてもケースやシェルターの大小は状況に応じて変える必要があるが、これらがあればひとまず飼育開始可能であり、その使用方法は右ページのセッティング例の写真をご覧いただきたい。

まずケージ選びである。成体の平均サイズで25cm前後だとすると、底面積が30×30cmかそれに準ずるサイズ（もしくはそれ以上）のケージを用意すれば終生飼育が可能だと言える。選ぶポイントは通気性が良いことと、しっかりとした蓋ができることであるが、いずれにしても爬虫類用として販売されているアクリルケージやガラスケージ・大きめのプラケースであれば問題ない。さまざまなデザインのものが発売されているので、好みのものを使うと良いだろう。地上棲のヤモリのため高さは必要ないが、高さがあれば上のほうにエアープランツを植栽してみたり、形のかっこいいコルクや流木でレイアウトしたりと飼育の幅が広がるので、それは各自お好みで選択していただきたい。

ここで注意したいのは自作のケージである。近年では100円均一や生活雑貨量販店などで適当なサイズのケースなどを買ってきて､加工してケージにする飼育者も多い。もちろん、それはダメなことではないが、ビギナーや少しでも不安に感じる人には絶対に推奨できない。理由は明快で、それらは生き物の飼育用として販売されているものではないからである。たとえば、そこそこ名のあるブリーダーがそのようなケージを使っているとする。何もわからない人は「それで飼育できる」、いや、むしろ「それがいい」と勘違いしてしまうだろう。しかし、飼育のベテランはその生き物の特性や好む環境・必要な条件を熟知していて、それに合わせて100円均一の商品を加工した

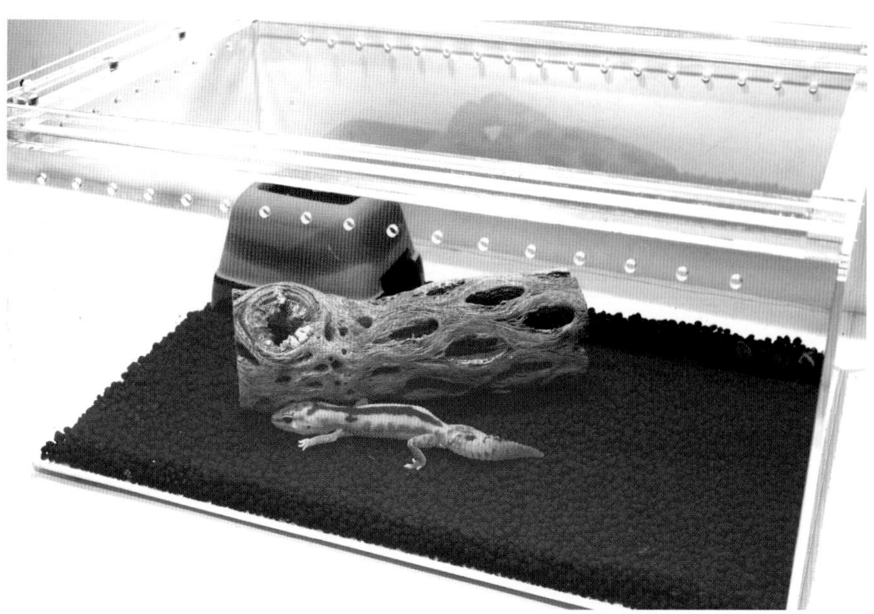

爬虫類用の飼育ケースが使い勝手が良い

りする術を知っている。それをその生き物の特性や習性などもわからない人が、外見だけ見よう見まねで飼育することは非常に危険であり、絶対にすべきことではない。筆者は別にメーカーの商品を多く売ろうと思っているわけではないが、有名メーカーの商品（ケージ）であれば、少なくとも爬虫類を飼育するにあたってそのまま使えるような理にかなった状態であり、生き物を殺してしまうような商品はない。一方で、100円均一の商品を使った場合はその可能性が発生するのである。安く済ませたい気持ちはよくわかるが、経験の浅い人ほど、ちゃんとした飼育ケージを使用していただきたい。

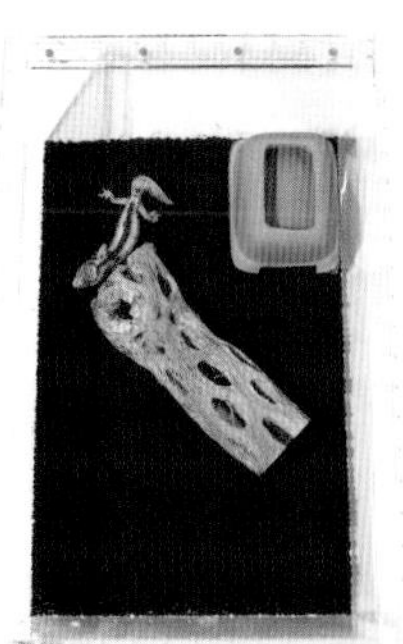

飼育セッティングの一例

LESSON

02

爬虫類・両生類飼育用のソイル

ヤシガラ

赤玉土

床材に関してはさまざまな選択肢があるが、基本線としてはある程度水はけが良くて多少保湿もできるものとなる。筆者が推奨したいのは爬虫類飼育用ソイル類（保湿が可能なタイプ＝カエル用として販売されているものなど）や、中〜細目のバークチップ・やや粗めのヤシガラ・赤玉土（中〜小粒）などである。

ニシアフリカトカゲモドキはレオパードゲッコーに比べて、特に幼体時期はやや保湿を重視した飼育をしたいところであるため、あまりに保湿力のないものは適さない。人によっては赤玉土や黒土・ヤシガラなどをブレンドして自身のオリジナルの配合を見つけ出す人もいるので、飼育に慣れてきたら単用だけでなくアレンジしてみても良いだろう。

近年ではレオパードゲッコーの影響からキッチンペーパーを使用して飼育する人も多い。もちろんダメではないし、飼育も十分可能である。しかし、「楽だから」という理由でキッチンペーパーを選ぶ人は、かなりの確率で後悔することになる。悪いことは言わないのでソイルなどを敷いて飼育

することをおすすめする。理由は少し考えればわかると思うのだが、キッチンペーパーは1枚の紙であり、その1カ所に糞をした場合は丸々全部交換することになる。そのためには個体を退かし、シェルターなどを全部出して初めて交換ができる。それを週に1回も2回もやることは、はたして楽だろうか？　それならソイルなどを敷いて、猫のトイレのように糞をしたらその周りにくっ付いている床材と一緒に捨てるという作業のほうがはるかに楽だと思う。もちろん、人それぞれ感じかたが違うので何とも言えないが…いかがだろうか。

なお、床材（ソイルやバークなど）を敷くと言うと、誤飲を心配する人が非常に多い。誤飲は、時に生体に致命傷を与える。しかし、考えてみてほしい。たとえば、赤玉土などは自然にも存在する土である。ソイルも元は自然の土であるし、バークチップなども自然由来のものである。そんなものを飲み込んだ程度で次々に死んでいたら、アフリカの過酷な大地に生息しているニシアフリカトカゲモドキはとっくの昔に絶滅していると思う。筆者は今まで数え切

LESSON

02

シェルター。さまざまな製品が流通する

上部に水を溜めておくことで内部の湿度が保持できるウエットシェルター

カクタススケルトン

れないほどのニシアフリカトカゲモドキやレオパードゲッコーを管理してきたが、あからさまに誤飲が直接の原因で死亡したと思われる個体は、自身の管理している範疇ではゼロであった。もちろんその中では、ソイルや砂を誤飲した個体も数え切れないくらい見ているにもかかわらずである。誤飲に気をつけることは悪いことではないし、どうしても不安な人はキッチンペーパーを使用したりするのも悪くないだろう。しかし、誤飲に対してあまりに敏感になりすぎるのは飼育の幅を狭めるだけであるので、ぜひとも考え直していただきたい。

あと、その他の用品に関しては各々気に入ったものを選んで使用すれば良い。シェルター（隠れ家）は各メーカーが発売している市販のものでも良いし、流木やコルクを使って隠れる場所を作っても良い。ただし、流木を複数組む場合はできればシリコンや結束バンドなどで固定して崩れないようにしたい。コルク程度なら軽いので問題ないかもしれないが、大きめの流木が仮に崩れて個体に直撃してしまったら、場合によっては死亡してしまう可能性もあるので、少しでも不安があれば何かしらで固定をしたいところである。同じ理由であまり

パネルヒーター

温湿度計

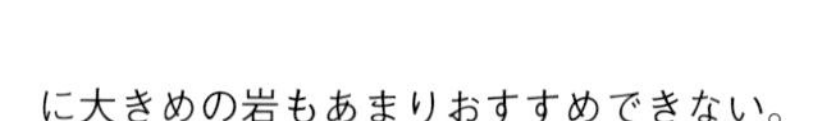

に大きめの岩もあまりおすすめできない。

温度計は気温の目安として設置しておきたい。設置する場所は、ヒーターの場合、ヒーターを敷いてない側に設置するようにしよう。それによってケージ内で低い部分の気温を知ることができる。特に夜間にどのくらいの気温まで落ちているのかを見て、ヒーターの増減や強さの変更を考えたい。ただし、市販の温度計は完璧なものではないため、あまりにその数字を信じすぎることも危険である。

水入れは筆者の考えとしてはどちらでも良いと考えている。本来、水たまりや池などの溜まった水を飲みに行く習性のない生き物であるため、水入れを設置したところでそれを認識して積極的に飲むことはほぼない。強いて言えば、ケージ内をウロウロしていてたまたま水入れに足を突っ込んだ時に「水がある」と認識して飲む、という程度である。そういう意味では「あってダメなもの」ではないが、水入れを入れることによりケージ内の行動スペースがあからさまに狭くなってしまうようなら入れないほうが良いと思う。その際の給水は霧吹きによって行えば十分である（後のメンテナンスの項で解説あり）。

LESSON

03

保温器具の選びかたと設置

保温器具は慎重に選びたい。ニシアフリカトカゲモドキはレオパードゲッコーよりも平均気温やや高めを好み、それは飼育だけを考えた温度であれば25～32℃前後の間でキープしたいところである。もちろん、それより多少低くなっても死ぬことは考えにくいが、活性が下がったことで餌食いは悪くなるかもしれない。また、昼間に温度が上がって餌をたくさん食べるのは良いが、その夜にガクッと温度が下がってしまうと消化不良による吐き戻しという危険性が出てきてしまうので、夜間までしっかり加温されるように選びたい。

基本的にはパネルヒータータイプのものをケージ底面に使用し、もしそれで真冬の温度が上がりきらないようであれば、暖突などのケージ上面に設置する強めの保温器具を併用したり、側面にもう1枚パネルヒーターを使用するなどの追加保温をする（暖突などのタイプは設置方法に工夫が必要）。保温球タイプのものやエミートタイプのものは温度がしっかり上がるのは良いが、小型ケージでは設置が困難なのと、飼育ケージにプラスチックやアクリル製を使用する場合は、万が一そこに触れてしまって溶けてしまい、場合によっては火災に繋がるおそれがあるので使用しないほうが無難。いずれのケースも不安な人は必ず購入時にお店に相談するようにしたい。

たまに耳にするのだが「このサイズのケージに、このサイズの保温器具で大丈夫」というような選びかたは絶対に止めてほしい。もちろん、保温器具はケージのサイズによって強さを決めることは間違いではない。しかし、では、めちゃくちゃ気密性の高い新築マンションと築年数うん十年、隙間風たっぷりの一戸建で保温は同じで良いと思うだろうか？　もっと言えば、たとえば爬虫類は飼育していないけど犬や猫などを飼育していて、24時間365日エアコンを稼働している人はどうだろうか？　そう、保温器具の選択は今の各家庭の事情も考慮しなければならないのである。筆者は初飼育をされる人で保温器具を購入していただく場合に必ず「問診」をするのだが、それは各家庭環境を知らずに安易に保温器具を勧めることは生体の生命に関わるからである。初めて飼育される人で保温器具を悩む場合は、お店に、ケージを設置する部屋の環境（状況）を説明するようにすればお店がそれにあったサイズのものを考えてくれるだろう。

ケージに合う保温器具を選ぶことができたら設置に取りかかるのだが、ポイントは「全体を暑くしすぎないこと」である。たとえばパネルヒーターを敷く場合、もちろん季節や家の環境にもよるが、ケージの半分から3分の2の面積にヒーターを当てるようにし、温度が足りなければヒーターが当たる面積を増やすのだが、必ず一部はヒーターがない部分を作るようにする。これは生体の「逃げ場所」を作る意味があり、仮に部屋の温度が上昇して暑すぎた場合などにクールダウンできる場所を作ってあげないと、個体は熱射病になって脱水になってしまったり、場合によっては即死してしまう可能性もある。先にも述べたが、生き物全般、暑いよりは寒いほうが生死のリスクは少ないと考えれば、加温は「少し温度足りないかな?」という程度から少しずつ行うようにしたい。また、温度計をあまりに信用しすぎるのも問題であり、温度計を見つつ、基本的には個体の行く場所を観察して加温の強弱をするように心がけたい。常にヒーターの上にいるようであればケージ内が寒い、逆にヒーターから逃げるようにしていれば暑すぎる、1日のうちに時間によって行ったり来たりしているのであれば、ある程度ちょうど良い、といった具合である。もちろんこれは非常にザックリとした言いかたであり、あくまでも目安であるが、野生生物の生活力（危機管理能力）は想像以上であるので、それをうまく利用しない手はないだろう。

日常の世話

- everyday care -

お次は日々のメンテナンス（世話）のお話です。
やることは少ないですが、まとめて一気にやろうとすると
苦痛になるのは、夏休みの宿題と同じ!?
日々少しずつやれば、数分で終わってしまうかも!

LESSON

01

餌の種類と給餌

ニシアフリカトカゲモドキはほぼ完全な昆虫食の生き物である。よって、餌の種類は単純明快で、個体のサイズに合った生きている昆虫類を与えていれば飼育するうえで大きな問題はない。具体的には、市販されているコオロギを中心に、デュビア・レッドローチなどが主食となる餌昆虫である。どれを使ったほうが良いか、それはこの3種類（コオロギを2種類と考えると4種類）の中においては特筆して「どれが良い」ということはほぼないと言える。個体によって好みはあると思うが、それも慣れが解決してくれるので、飼育者の飼育スタイル（餌の管理方法など）によって選べば良いだろう。また、近年では冷凍技術の発達に伴い、各虫の冷凍も発売されている。冷凍は乾燥や缶詰よりもより活に近いものなので、食いの悪さはほぼ見られない。活き虫をストックすることが難しいようであれば、冷凍も選択肢として頭に入れていただければ良い。

その他の餌昆虫として、ミルワームやハニーワーム・シルクワームなども流通している。もちろんこれらも食べさせて問題はないが、あくまでもこれらは飽きさせないための補助食的な扱いになる。ミルワームは欧米では主食にしているブリーダーもいるが（厳密には若干ワームの種類が異なると言われているが）、それはあくまでも高温の飼育下においてしっかり消化ができるという前提が必要となる。25℃前後の半端な温度ではきちんと消化できずに下痢をしてしまったり、吐き戻してしまったりする可能性があるので、不安な場合は主食として常用しないほうが無難である。

与えかたはいずれもピンセットで与えるか、ケージ内に虫を放すかたち（バラマキ）で与えるかどちらかとなるが、どちらでも良い。個体によってどちらを好むか特徴もあるので、購入するお店にその個体の特徴や今の餌の与えかたを聞いてみると良いだろう。ちなみに、給餌の際に使用するピンセットは木製でもステンレス製でもどちらでも良い（扱いやすいほうで良い）。ステンレス製は口を痛めるから使わないほうが良いという意見もあるが、筆者は15年以上ステンレス製のピンセットでメンテナンスをしているものの、それが原因で怪我をし

フタホシコオロギ。さまざまなサイズで流通する

冷凍昆虫各種。専門店などで入手できる

イエコオロギ。さまざまなサイズで流通する

デュビア

てしまった個体は皆無である。衛生面を考慮したら、筆者はステンレス製を推奨する。

これらの餌昆虫にサプリメントを併用するのだが、サプリメントはカルシウム剤を基本線として、ビタミン剤も積極的に使用したい。本種に限らず、トカゲモドキ類は紫外線ライトを使用せずに飼育することがほとんどだと思うので、ビタミンD3入りのカルシウムを使うようにする。ビタミンD3というのはカルシウム分を効率的に体内に吸収できるようになる成分であり、脊椎動物にはなくてはならない成分だ。紫外線を浴びることによって体内で形成されるビタミンで、人間も日光を浴びると体内で作られる。しかし、ニシアフリカトカゲモドキの場合、明るいうちは不活発で日光浴をする生き物ではないし、紫外線を当てて飼育することはほぼないため、サプリメントから摂取させたい。ただし、D3の過剰摂取は肝機能障害や食欲不振などの悪影響も懸念されるので、産卵などのためにカルシウムをたくさん摂取させたい場合は、ビタミンD3を含まないカルシウム剤を併用するなど工夫しよう。

また、カルシウムと共にビタミン剤（マルチビタミンなど）も使いたい。近年ではビタミン（AやEなど）やその他微量元素の重要性が注目され、脱皮（皮膚の形成）

LESSON

01

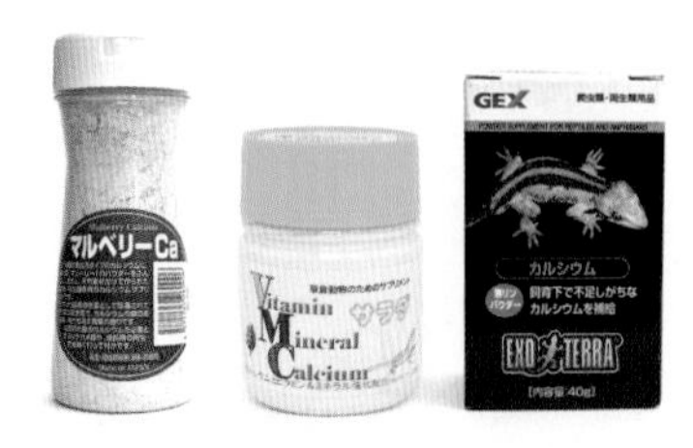

カルシウム剤。さまざまな製品が店頭で見かけられる

ビタミン剤とカルシウム剤

サプリメント剤各種

などにも影響されるとされている。カルシウムは必須とされていて飼育するにあたって使う人は多いが、ビタミンはまだそこまで浸透していないのが現状である。カルシウムを使うのと同時に、各種ビタミン剤も使うクセをつけてほしい。ビタミンも過剰摂取は悪影響になる場合もあるので、たとえば、給餌のたびに交互に使う程度で十分である。いずれの場合もコオロギが薄っすらと白くなる程度に付けて与えたい。あまりに真っ白になるほどサプリを付着させてしまうと、味が変わってしまい食べなくなってしまう個体もいるので加減しよう。

餌のペースは個体のサイズにもよるが、幼体ではほぼ毎日（週に5〜6回程度）こまめに与え、亜成体になれば週に2〜3回程度、完全な成体（4〜5歳かそれ以上）であれば週に1〜2回の給餌で十分である。量は身体に合うサイズのコオロギであれば、平均して3〜5匹与え、活性が高そうな時は6〜8匹、もしくは食べるだけ与えても良いだろう。体型や尾の太さを見て調節しながら与えることが望ましいが、やってはいけないことは「太らせすぎること」である。レオパードゲッコー同様、尾に栄養を溜め込むことのできるニシアフリカトカゲモドキ。プリプリした尾はかわいさがあり、より太くしたくなる気持ちもわかる。しかし、尾の太

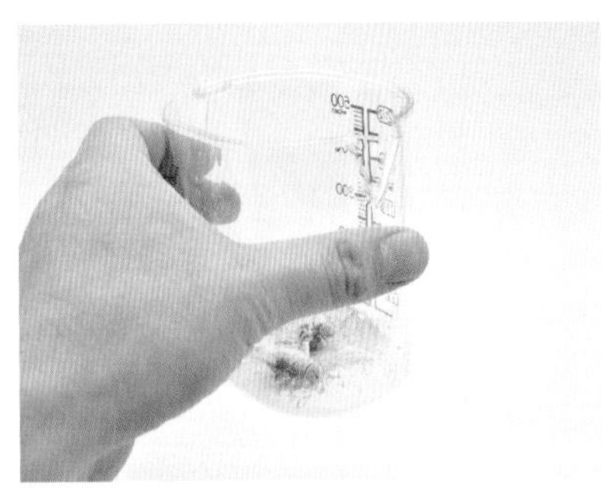
給餌前に餌昆虫をサプリメントと共に別容器に入れてかるく振って付着させる

爬虫類用の餌皿

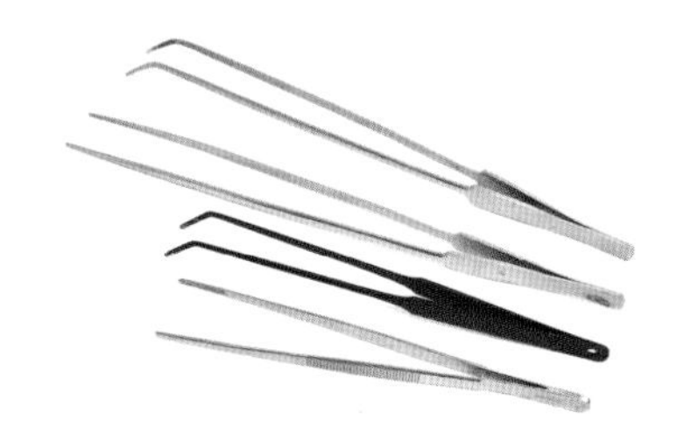
ピンセット

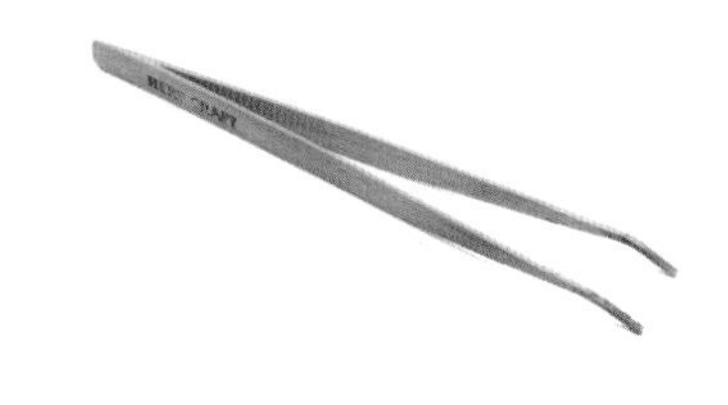
竹製ピンセット

さは健康に比例するかというと必ずしもそうではない。過剰に細すぎることはNGであるが、大まかに言ってしまえば、成人男性の人差し指くらいの太さがあれば十分。野生のニシアフリカトカゲモドキに、尾が過剰に太くなった個体はほぼいない。尾に溜まった栄養は、いわば「今すぐは不要な栄養」であり、仮に過剰に細くとも病気で細くなったわけでないならば特段問題はないのである。逆に、尾が過剰に太いということは身体にはもう十分すぎる栄養分が回っているという意味であり、それは場合によっては肝臓肥大や高脂血症などの、人間で言うところの生活習慣病のようなことになりかねない。爬虫類を飼育していて「突然死」という言葉を耳にするが、これらの多くは内臓障害である可能性が低くないと考える。人間の体内ですらわからないことだらけなのに、こんな小さな生き物の体内で何が起こっているかなど知る由もない。もちろん、飼育者は「太った＝健康的」と勘違いした個体を飼育していたので、原因は「不明＝突然死」と思ってしまうのである。一度太った個体、特に成体を故意に痩せさせるのは想像以上に難しい。人間同様、太りすぎず痩せすぎずの普通体型が一番なのである。

LESSON

02 人工餌料の是非

近年は日本に限らず世界的に爬虫類の飼育人口が増え、それに伴って各メーカーが新製品を次々と出している。レオパードゲッコーやその他昆虫食に向けた人工餌料もそのうちの1つで、日本だけみても数種類の人工餌料が発売されている。それらは非常にしっかりと研究されたもので、多くのメーカーの商品で、人工餌料のみで終生飼育、および、繁殖からそれらの子供の育成まで十分可能というデータが出ている。これは飼育者からすれば非常に心強いアイテムであり、たとえばコオロギをなかなか買いに行けない地域の人や家庭の事情でコオロギをたくさんストックすることが難しい人などにはうってつけと言える。

しかし、よく聞かれる「虫が触れない（嫌い）な人でもこれを使えば飼育できます」という謳い文句には、筆者は全く賛同できない。筆者はいつも「昆虫が絶対に触れない人は、少なくとも昆虫食の生き物は飼育できません」と伝えている。家庭の事情でコオロギを管理することが難しいから人工飼料で飼育を開始することには全く反対しないし、悪いことだとも思わない。しかし、ではその人工餌料を食べなくなってしまった時、虫が絶対に触れないという人はどうするのか。家庭の事情でストックできないという人なら、とりあえず食べきる分だけ

グラブパイ

フードバイト

買って与えようということができるだろうが、虫が触れないという場合、餓死するのを待つだけなのか？　そう考えると「虫が絶対に触れない」という人に昆虫食の爬虫類の飼育は無理だろう。

昆虫食の爬虫類向けの人工餌料はあくまでも「お助けアイテム」の延長だと捉えていただきたい。たまに勘違いしている人もいるが、人工餌料を使ったほうが良い、もしくは使わなければならないというものでもない。あくまでも虫を与えることをベースとして、自身の生活スタイルや家庭の事情によって人工餌料の助けを借りながらうまく飼育していただきたい。

なお、肝心なニシアフリカトカゲモドキの人工餌料への反応であるが、レオパードゲッコーに比べてやや反応が悪い個体が多い。常にピンセットで給餌していて、ピンセットを見ればすぐに噛り付いてくるような個体であれば別だが、そうでない場合は慣れさせるのにやや苦戦するかもしれないので、根気よく与えるようにしよう。店頭で販売されているニシアフリカトカゲモドキは、多くの場合、人工餌料に餌付いてないことが多い。それはお店が悪いわけでも何でもなく、人工餌料への餌付けはあくまでも「オマケ」なのである。オマケを常に求めることはナンセンスであり、人工餌料に餌付いていないことが当たり前で、餌付いていたらラッキーだと思ってほしい。

LESSON

03

メンテナンス

日々のメンテナンスでやることはとても少ない。霧吹き・目立つ糞を取り除く・給餌・水入れを入れている場合は水入れの水換え、このくらいである。

メンテナンスの中心は霧吹きと給餌となる。レオパードゲッコーよりもやや高めの湿度を好むニシアフリカトカゲモドキにおいては、特に霧吹きは重要。しかし、乾燥を怖がるあまりに過剰に保湿（加水）をしようとする人が多く見られる。乾燥状態が続くことは危険であり、特に幼体に関しては乾きすぎは脱皮不全になりやすく命取りになりかねない。だからと言って、常に床材に水が浮いていたり、常時ケージの壁面に水滴がたっぷり付いた状態が続いていたりすることは良い環境とは言えない。感覚としては「乾きすぎないように気をつけておく」という程度がちょうど良いだろう。回数はケージの乾き具合を見ながら調整し、毎日でも2日に1回程度でも正解不正解はない。霧吹きの水は保湿の意味と給水(飲み水）の意味を兼ねるため、さすがに週1〜2回程度だと少ない(喉が乾いてしまう)。ケージの通気性・床材の種類や量などによってペースは異なるので、観察しながら判断するように。

糞の除去であるが、これはピンセットや割り箸などを使って行う。基本的に糞をしたらその都度取り除くのが望ましい。面倒なので放置したくなるが、糞が溜まると悪臭の原因になるだけでなく、ダニの発生にも繋がる可能性がある。また、何よりも、たくさん溜めてしまうと世話が面倒になってしまうので、こまめに行うように習慣付けたい。人工餌料を中心に飼育をしていると糞は全体的にゆるめとなる傾向があり、ベタッと付着する感じとなる。それをピンセットなどで摘み出すことが難しいので、拭き取るか、もしくはケージごと丸洗いをするかたちになる。

いずれにしても回数や量はあくまでも目安であり、霧吹きなどは飼育環境や、もっと言えばその部屋の状況（エアコンを使うか使わないか）などによって微妙に異なってくる。日々少しずつ観察し、飼育する個体と使う道具の特性を早く掴んで、自分なりのメンテナンスのペースを見つけ出していただきたい。

ハンドリングの際は優しくすくい上げるようにし、手のひらに乗せる

LESSON

04 健康チェックなど

毎日しっかりと観察していれば、万が一個体に異常(病気やケガなど)が出てしまった場合も早く気づけるだろうし、大事に至る前に対処できるかもしれない。近年では爬虫類を診てくれる病院も増えたが、可能なかぎり病院に行かずに済むようにしたいところである。

ここに、ニシアフリカトカゲモドキの飼育において聞くことの多い症例をいくつか例を挙げておく。

1　脱皮不全
2　クル病
3　下痢
4　食欲不振

1つめの脱皮不全に関しては、爬虫類飼育において切っても切り離せない事柄であり、悩まされる人も少なくないと思う。身体の広い部分に、海苔がくっつくように多少残っているような場合は放っておいても問題ないが、特に指先や尾先など、末端部に残っている場合は要注意。脱皮は元々、成長をするために代謝をして古い皮を脱ぐ意味合いが大きい。身体が大きくなっているのに、古い皮が指先に巻きついているとどうなるかと言えば、指を締め上げられているのと同じこととなる（輪ゴムで指をしばるようなイメージ)。そうなるとその中の血流が悪くなって、最悪の場合は指先が壊死してしまう。「指欠け」という表示がされている個体がいるが、原因はそのあたりにある場合が多い。指先がなくなっても死ぬことはないのだが、見ためも痛々しいしかわいそうなので、こまめな観察で未然に防ぎたい。乾燥状態が続いてしまうことが大きな原因の場合が多く、乾燥しやすい冬場などは霧吹きの回数を増やすなど、状況を見て対処しよう。また、ビタミンB群の不足など体内の栄養バランスの問題である可能性も捨てきれない。肌にかける脱皮促進剤なども時には有効だが、基本的なことを改善しないと毎回脱皮不全が続くことになってしまうので、脱皮不全を繰り返している場合は飼育環境や餌の根本的見直しをすると良いだろう。

2つめに挙げたいのはクル病である。これも爬虫類全般、ひいては人間にも起こり得る病気の1つであり、簡潔に言ってしまえば骨が脆く弱くなってしまう病気である。本種にかぎらずレオパードゲッコーなども、特に幼体から育てた場合に多く見られ、十分な知識がないまま飼育した、もしくはお店側が適切な説明をしないまま販売してしまった場合に得てして起こる。カルシウムのサプリメントなどをあまり使わず幼体を育成した場合などによく見られ、最初は手足（特に関節）の動きがやや不自然になってくる。その時に発見し対処すれば十分元に戻る可能性があるが、そこから進

LESSON

04

正常に脱皮しているニシアフリカトカゲモドキ

行して全ての関節の動きが悪くなり、最後は顎の骨がもろくなって口が常に半開きの状態になってしまうと完全な回復はほぼ不可能である。サプリを与えていても発症してしまうことがあるので100%とは言えないが、逆に言えば適切な飼育をしていれば起こりえないと思っていただいても良い。

ちなみに、勘違いされがちであるが、上記で説明したとおりクル病はたいていの場合、急になるものではないし（ごく稀に例外はある）、ましてや数日のうちにクル病が原因で急死してしまうことなどほぼあり得ない。「クル病で死亡した」という話をたまに聞くが、大半は勘違いの場合が多い。クル病であれば日々観察をしていれば死亡するはるか前に何らかの症状が出るだろう。もちろん、対処は可能だし、それによって大きく改善する例も多い。ネットの情報などを信用する「自己判断」は、治るものも治らなくなってしまう可能性があるので、自信のない人は必ず購入したお店や獣医に相談するようにしたい。

3つめは下痢であるが、これは勘違いされている人が非常に多い症状である。もちろん、細菌などが原因の下痢も十分にあり得る。しかし、実はそうではないことが多く、簡単に言ってしまえば「食べすぎ」による下痢であることが多いのである。飼育者は飼育している生き物が下痢をすると、真っ先に病気などを疑う人が多い。もちろ

んそれは悪いことではないのだが、冷静に考えていただきたい。人間も食べすぎた時にお腹が痛くなって下痢（消化不良などによるもの）を起こすことがあると思うが、まさにそれと同じことが起きているだけの場合が非常に多い。ニシアフリカトカゲモドキは非常に大食漢で、一度に多くの餌を食べがちだ。しかし、飼育温度が足りない状態でそれをやってしまうと消化が不十分になってしまうことも多い。もし、普段よりゆるい糞をしていたら、一度冷静になって、その前の餌やりのことを思い出してみるのも良いだろう。そして、餌やりを改善してもまだ下痢が続くようであれば、獣医やお店に相談するようにしたい。

最後は食欲不振（餌を食べないこと）である。これはレオパードゲッコーにもある話だが、ニシアフリカトカゲモドキのほうが相談件数としては多い。これも下痢同様に病気などによる食欲不振も十分考えられるのだが、かなりの確率でそうではない場合が多い。ニシアフリカトカゲモドキの場合、特に成体となった個体は、1年の間で何度か餌を食べなくなる時期が訪れることが多い。多くの人は「拒食」と呼んでしまっているが、それはやや間違えている。言うなれば「本種の習性（年間のルーティン）」である。これは繁殖の項で説明する「休眠期」と関係している可能性が高く、いくらエアコンやヒーターなどで一定の温度に

LESSON

04

保っていても、体内時計が働いて餌を食べることを一時中断してしまうことが多い。このモードに入ってしまったら、いくら餌を変えようが温度をいじろうが食べないことがほとんどである。こちらの対処はというと、時間が解決してくれるのを待つだけだ。心配になる人も多いと思うが、栄養状態良く飼育している成体のニシアフリカトカゲモドキであれば、水だけ与えていれば仮に3〜4カ月餌を食べなくても何ともない。一番いけないことは、過剰に飼育温度を上げることと強制給餌をすることである。過剰に温度を上げることも、対処として合っている場合もあるが、休眠の場合で体が代謝したくないと言っているのに無理に代謝させようとして、「餌を食べないのに身体が代謝する」という何とも中途半端で良くない状況に陥ることが多い。少し温度を上げてみてダメだったら、逆に通常の飼育温度よりもさらに少し下げてクールダウンさせ、もう一度今までの温度に戻すというやりかたも良いだろう。これはちょっとしたクーリングのような意味合いがあり、冬（乾季）が来たと思わせ、それを経験させてから再び戻すことによって、再び活動時期が来たと錯覚させる方法である。あまりに短期間（1週間など）だと身体に負担が大きいので、1カ月単位で長い目で見てやってみていただきたい。

強制給餌に関しては最もやってはいけないことだ。元気だけど根本的に身体が餌を受け付けていない。ただそれだけなのに、そこに無理やり餌を押し込まれたらどうか。たとえば人間が、今日は夜ご飯いらな

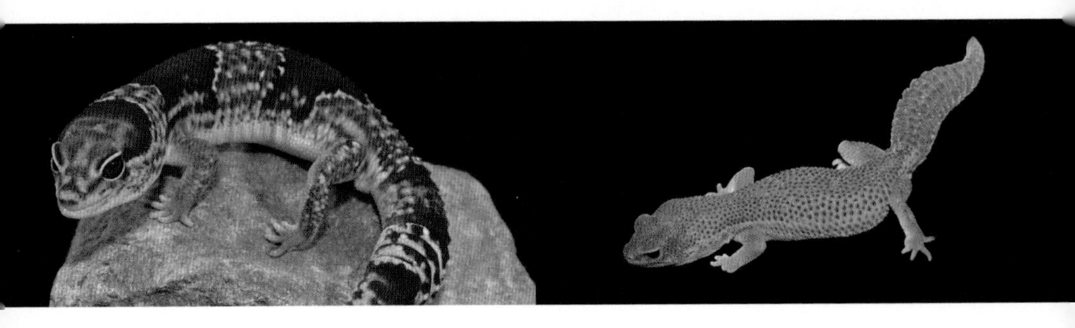

いと言っているのに無理やりお米を流し込まれたらどうか。考えればわかっていただけると思う。強制給餌を受け付けない場合、その場で拒否してくれればいいが、飲み込んでしまって後で吐き戻すことが多い。そうなると無駄に体力を消耗させるだけなので、ヤモリにとってはいい迷惑なだけである。筆者の経験として、具合が悪いからと強制給餌をした爬虫類で復活を遂げた個体は、1〜2%いるかいないかだと考えている(もっと少ないかもしれない)。たとえ元気になったとしても1年持たない場合も多い。「強制給餌」というものを安易に手段として考えている人が多いが、それをする場面としては、まだ餌を食べていない幼体の生き物に餌を覚えさせる場合と、野生採集個体(WC個体)でなかなか頑固にコオロギなどを食べてくれない個体にやむなく餌を強制的に与える場合、偏食のヘビなど餌を思うように食べてくれない個体に体力付けのために与える場合、このくらいである。それ以外の強制給餌はやめたほうが無難であり、どうしても心配ならば獣医やお店に相談したうえで行うようにしたい。

なお、先述のとおり、もちろん病気や口腔内の怪我による食欲不振の可能性もゼロではない。それを瞬時に見分けるにはある程度の経験がないと難しいのだが、1つポイントを挙げるとすれば「しばらく餌を食べないで痩せてくるかどうか」である。もし、怪我や病気が原因で餌を食べない(食べられない)場合、特に若い個体や幼体であれば2〜3週間もすれば尾が少しずつ細くなってくると思われる。成体に関してはかなり時間が経過しないと見ために現れないかもしれないが、それでも1カ月もすれば多少なりとも尾に皺が寄ってくるかと思う(体重を計るとよりわかりやすいかもしれない)。一方で、季節的な習性からくる「休食」状態の場合は、1〜2カ月間餌を食べなくても、若い個体ですらほとんど体型に変化は見られないことが多い。体重を計ったとしても1〜2g程度減るかどうかで、誤差の範疇であろう。その理由は先にも述べた「代謝」であり、代謝を自発的に止めている状態であるが故、痩せることはないのである。怪我や病気が原因で食べられない場合は、代謝は通常どおりのため、食べられない分、どんどん痩せていくだろう。

他には糞のにおいの違いなどで異常を見つけることができたりもするが、いずれにしても個体を常に観察し、普段との違いを早めに見つけられるように努力したい。

Chapter 04

ニシアフリカトカゲモドキの繁殖

- breeding -

レオパードゲッコー同様、
近年ではさまざまな品種（モルフ）が作り出されているニシアフリカトカゲモドキ。
もしかしたら、オリジナルの品種が作れるかも!?
という期待を胸に、繁殖への興味を持つ人も少なくないでしょう。
しかし、それはあくまでも、飼育がしっかりとできているうえでの話。
ホームランはヒットの延長ではないかもしれませんが、
繁殖は飼育の延長であることに間違いないのです。

LESSON

01
繁殖させる前に

ひと昔前と比べると、近年は確実に日本の爬虫類の飼育人口は増えているだろう。それと同時に飼育に関する情報も増え、かつては一部のマニアや園館施設などのやることであった「爬虫類を繁殖させる」ことを、個人レベルで目指して飼育する人も非常に多くなっている。これは爬虫類に限らず、野生生物（野生個体）が全般的に減少しているなか、愛好家が繁殖させた繁殖個体（CB個体）の出回る数が増えることは良いことだと考える。しかし、中には、飼育を開始する前から繁殖を考える人もいる。はっきり言ってしまえばそれは大きな間違い（勘違い）であり、まずはその種類を1年を通じてしっかり飼育管理ができてから繁殖の話を始めていただきたいと考える。ニシアフリカトカゲモドキは経験の浅い人でも十分に狙えるが、親の育成や卵の管理・産卵後のケアなど、浅い経験（少ない引き出し）ではカバーしきれない部分も多く出てくると思う。また、繁殖といっても2～3回程度なら誰でもできるかもしれないが、それは「繁殖させた」というよりも「繁殖してくれた」といったところであろうか。

先にも書いたように、繁殖を目指すことは悪いことではなく、むしろ良いことだと言っても良いだろう。「繁殖＝飼育がうまくできたことに対するご褒美」という具合

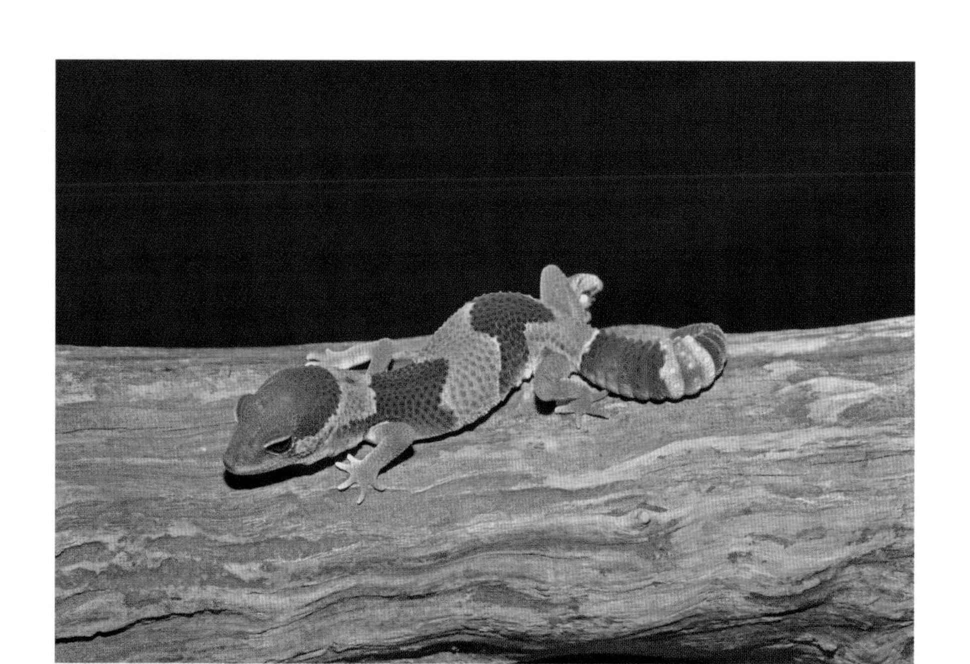

に謙虚に捉えていただいたうえで、飼育、そして繁殖へトライしていただきたい。

なお、爬虫類の繁殖をさせるにあたり、繁殖させた個体をどうするかという問題になるが、これは必ずよく考えたうえで繁殖をさせてほしい。もし販売する、もしくは他人に譲渡するようであれば、2021年1月現在、「第1種動物取扱業登録」という資格が必須となる。これを所持せずにイベントなどに出展することはもちろん不可能であるし、個人売買やお店への継続した卸販売も違法となってしまう（無償譲渡も違法）。このことを必ず頭にしっかり入れて、計画的に繁殖を行うようにしていただきたい。もちろん、繁殖させるだけであれば資格等は何もいらないので、生まれた個体全てを自分で飼育するならば何も問題はない。

LESSON

02

雌雄判別

オス。横から見てもクロアカルサックの膨らみが見える

メス。繁殖には十分育った個体を使う

4～5カ月ほど経過した個体であれば、特にオスはほぼ確実に雌雄が判別できると思う。2～3カ月で判別できる場合もあるが、見慣れた人でなければもう少し時間が経ってからのほうが確実である。総排泄口の下（尾の付け根）付近に2つの膨らみ（クロアカルサックと呼ばれるヘミペニスが収納されている部分）が出てくればオス。出てくる時期や出方（サイズ）には個体差があるので注意が必要であるが、ある程度しっかりとした2つの膨らみが確認できればオスと判断して良いであろう。ただし、ニシアフリカトカゲモドキはメスも若干膨らみを持つため、注意が必要。膨らみで心配な人は、もう1つのオスの特徴である「前肛孔」という、腹側のちょうど後肢の間あたりに現れる特徴的な形の鱗群（カタカナの「ヘ」の字のような形をしている）の有無を判断基準にしても良いだろう。前肛孔に関してはチャプター1にて参考写真を掲載してあ

るのと、基本用語集（122p）で詳細を解説しているので参考にしていただきたい。

気をつけなければならないのはメスである。やや微妙な時期（3～4カ月前後）に膨らんでないからメスだと断定してしまうのは少し不安がある。膨らみの出るのが遅い、もしくは膨らみが小さいオスという可能性があるからだ。また、先述のとおりメスもやや膨らみを持つため、逆にオスと勘違いしてしまう人も多い。もし、判別に自信がないようであれば、もう少し時が進んでから判断することをおすすめする。もしくはスマホなどで総排泄口付近の写真を角度を変えて何枚か撮影し、購入したお店にそれを見てもらって相談に乗ってもらうのも良いであろう。いずれにしても早合点は厳禁である。

LESSON

03

性成熟について

繁殖をさせるにあたって、まずは雌雄を揃えないと話は始まらない。雌雄の揃えかたは人それぞれであるが、繁殖個体（CB）のベビーを複数飼育していき、雌雄が確定したら交配を始める（1匹の場合はもう片方の性別の個体を別途入手する）のと、初めから雌雄が分かるサイズの個体を購入するかたちの2とおりになると思う。どちらでも問題ないが、ここでは前者を例にとって話を進めようと思う。後者の場合は解説の後半部分から読み進めていただければ良いだろう。

毎年6～10月頃になると、お店では主に生後1～2カ月程度（全長6～8cm前後）のベビーが販売されているようになる。それらを入手し、ある程度順調に育成できれば1年前後で15cm前後かそれ以上の大きさになると思う。オスであれば十分繁殖可能な年齢（サイズ）であると言えるが、メスであればもう少し（あと半年程度）飼い込んだほうが無難。ニシアフリカトカゲモドキの場合、レオパードゲッコーに比べて成長はやや遅い。レオパードゲッコーだと3カ月～半年もあれば15cm前後になる個体も多いが、ニシアフリカトカゲモドキはよほど成長の速い個体だったり特殊な育成方法をしないかぎりそこまで至らないだろう。しかし、もちろんそれは全く問題ない。特別急いで繁殖をさせる理由もないと思うので、だいたいトータルで1年半～2年くらいで完全な成体になると思っていただければより確実である。それでは遅いという人もいるが、寿命が20年以上ある生き物なので、決して遅いとは考えない。周りの人が飼育している個体と比べて大きい小さいという必要も全くないだろう。

ここで大切なのは、大きさではなく、あくまでも“年齢”である（もちろん極端に成長が遅い個体は問題があるが…）。近年は飼育技術の向上や餌の多様化などが理由で、育成の速度が非常に速い傾向がある。場合によっては8～10カ月程度でも繁殖できてしまうのではないかと思ってしまう個体にもよく出くわす（たしかにオスは繁殖可能かもしれない）。しかし、メスの場合は、人間にたとえるとすると、小学生高学年の女性で150cm以上ある人が出産をできるか？　という話になる。そう、身体だけ大

毎年秋に開催されるブリーダーズイベントで展示・販売されていたニシアフリカトカゲモドキの国内CB。クオリティの高い日本生まれ・日本育ちの個体を手に入れられる機会でもある

きくても中身が伴わないとどうにもならないのである。もちろん、トライすることを止めはしないが、特にメスの場合、産卵は非常に身体に負担がかかる。また、産卵を経験するとそこからの身体の成長が急激に鈍る可能性がある。せっかく大切に育てた個体に無理をさせて悪い結果になってしまうくらいなら、もう1〜2年待てば良いと思う。遅らせたからといっても趣味家である飼育者自身の大勢に影響はないだろう。

なお、ニシアフリカトカゲモドキに関してはメスよりもオスが大型化する傾向が強い。特に野生個体はそれが顕著で、雌雄判別をせずに大型個体ばかり選ぶとほとんどがオスである。それは繁殖個体にも言えるため、繁殖させる際、よほど極端な差が出ていなければ、メスがオスより1〜2回り小さいというのは気にしなくても良い。これに関しても、年齢である程度判断すれば良いだろう。

LESSON

04

ペアリング（交配）

めでたくペアが揃ったら、いよいよペアリングをさせることになる。これに関しては人によっていろいろと意見が違うが、ここでは昔からのオーソドックスな手法を紹介したいと思う。

ペアを飼育していれば勝手に交尾して産卵…という場合もなくはないかもしれないが、特にニシアフリカトカゲモドキは、レオパードゲッコーと比べてもそう簡単なものではない。基本的にはクーリングと呼ばれる、いわゆる休眠期間を与えないと発情しないことが多い。生息地でのニシアフリカトカゲモドキも、乾季で気温が低下したのちに繁殖期を迎える。これは日本の桜の木（ソメイヨシノ）の開花も同様で、冬の寒さを経験しないと春に花を付けないとされている。そのやりかたも千差万別であるが、ざっくりと言ってしまえば、半月〜1カ月くらいかけて飼育温度から約10℃前後低下させ、その最も低下した温度で約1カ月間飼育し、その後また半月〜1カ月くらいかけて元の気温に戻す、という作業となる。その合計約3カ月間は餌を基本的には与えず（与えてもごく少量にする）、飲み水だけで飼育する。そのため、クーリング前にはしっかりと栄養を付けさせることが大切である。それと同時に、温度を低下させる前には食べた餌をしっかりと排泄させることも重要。もし、腹の中に食べたものがたくさん入った状態で温度を低下させると、消化しきれずに中途半端に消化された食べ物が体内で腐り、ガスが発生して体調を崩すことがある。それではせっかくの育成が全て水の泡になってしまうので、クーリングに入る前にしっかり食べさせ、5〜10日前後は本来の飼育温度で餌を与えない状態で飼育する「消化期間」を設けることが大切である。

クーリングが終了し、元の温度に戻ったらまた通常の給餌を再開する。ここで慌てて大量の餌を与える必要はないので、ある程度しっかりと食べさせるという程度の気持ちで良いだろう。しっかり食べさせていくと、しばらくすると脱皮すると思う（脱皮までの期間は個体による）。その脱皮が終わった直後に雌雄を合わせるのが基本形で、これはニシアフリカトカゲモドキに限らず、クーリングを必要とする生き物の多

交尾シーン

くにあてはまる。その時にオスのやる気があれば、メスを見つけるとすぐにカクカク・ピクピクと変な動きをしたり、尾先を小刻みに震わせたりして近寄っていく。同時にメスが受け入れる状態になっていれば、そのままオスが首根っこに噛みつき、メスが軽く尾を上げて交尾に至るであろう。交尾を確認したら一度雌雄を離して、また2〜3日経過したら念のためまた合わせてみて交尾をさせる、いわゆる「追い掛け」と呼ばれることをする人も多い。これは交尾をより確実にすることであり、もし初回でしっかり交尾が完了していればメスは2回めを受け入れない場合もある。

メスがまだ未成熟だったり相性が合わなかったりすれば、オスが迫ったりしたらすぐに逃げ出したり、場合によっては反撃をしたりするだろう。ここでひとまず諦めてクールダウンさせる意味でもまた別居させるか、あるいは数日間同居させて様子を見るかたちでも問題はない。様子見をしてダメそうであれば、別居させて再トライすれば良いだろう。2〜3回やってオスがうんともすんとも言わない、もしくはメスが拒否をするようであれば、未成熟か成熟できない親か、いずれかの可能性が高いので仕切り直すと良いだろう。

LESSON

05 産卵

交尾がしっかり行われれば、その後10日前後でメスの腹に卵の影が見えてくると思う。そして、合計4〜6週間程度で産卵に至ることが多い。この時メスにはしっかりと栄養とカルシウム分を摂らせて、質の良い卵を産んでもらう準備をしたい。卵は基本的に2個産むが、初産や年齢を重ねた個体は1個の場合も多い。

産卵は地中に穴を掘って行われるため、産卵させるための土壌（産卵床）は必須。キッチンペーパーなどで管理している場合は別途用意する必要があるし、何かしら床材を敷いている場合でもそれが産卵に不向きな場合は、同じく別途用意する。

人によって使う産卵床材はさまざまであるが、砂・ヤシガラ・小粒の赤玉土・バーミキュライト・水苔など、どれでも問題はないだろう。これらを容器に入れるのだが、容器は飼育個体がしっかりと入れるほどの大きさで、特に深さがある程度あるものが望ましい。彼らは意外と深く掘って産卵する。深さが気に入らなかったりすれば産卵

産み落とされた卵。通常は1回の産卵で2個

に至らない場合も考えられるので、彼らが自由に調節できるくらいの深さを用意したい。だいたい4～6cm程度あれば問題ないだろう（もう少し浅くても何も問題なく産んでしまう場合もあるが）。床材にそのまま産んでもらう場合は、床材を敷く厚さを普段より少し厚めに敷いておけば良い。多少薄くても、産卵したメスが床材をかき集めるようにして卵を隠してくれるので、彼らに任せればうまくやってくれるだろう。

状態良く管理されている場合、早いペースだと2～3週間で次の産卵に至る個体も多い。多い場合は年間で5～6回の産卵をするので、卵を産んだからといって安心せず、産んだ後にメスにしっかりと栄養を付けさせるように管理をしたい。特にカルシウム分はメスの場合、卵に取られて一気に不足するので、いつも以上にこまめに添加したいところである。

LESSON

06

卵の管理・孵化温度と性別の関係

産卵が確認されたら、そっと掘って卵を取り出し、卵は卵で管理する。稀にそのまま放置して管理する人もいるが、それでもし孵化したとしても、よほど注意深く見て幼体を見つけてすぐに取り出さないと幼体は親に食べられる可能性が高いので、取り出して管理したほうが無難である。

卵は何かに埋めるかたちで管理するが、その埋めるものは、そこそこ保水力のあるもので自身が使いやすいものであれば何でも良い。産卵床に使ったヤシガラやバーミキュライトをここでも使う人もいれば、水苔でやる人・孵化専用の床材を用いる人・近年流行の孵化用卵トレーで管理する人などさまざまである。筆者はどの生き物でも水苔を使って孵化させるが、その理由として、湿っている時と乾いている時の差が見ためでわかりやすい点がある。ただ、これも「水苔が最適」というわけではないので、各自いろいろ試していただきたい。

取り出した卵は上下を反転させないよう(水平方向の回転はもちろん問題ない)、できるかぎり産み落とされていたままの向きで卵管理用の床材に半分埋めるかたちで保管する（多少の角度のズレは問題ない)。万が一転がってしまっても上下が分かるように油性マジックなどで上に印をしておくのも良いだろう。

そして重要なポイントといえば、床材の水分と管理の温度である。ただ、重要なポイントゆえに繁殖経験の浅い人は深く考えすぎてドツボにはまってしまっている場合が多いので、シンプルに考えていただきたい。まず水分であるが、乾燥を怖がるあまり水分が多すぎる場合が非常に多く見受けられる。たとえば水苔を使用する場合は、ややきつめに絞った程度の水分量で問題ない。文章では非常に説明しづらいのだが、触って「あ〜、ちょっと湿ってますね」という程度のイメージである（なおさらわかりづらいかもしれないが…)。要は触った瞬間、もしくは見た瞬間で濡れているとわ

かるほどだと水が多すぎるし、卵の入れ物に常に水滴が付いている状態もNG。自然界を見ていただければわかると思うが、たとえば公園の土の部分を10cmぐらい掘ってみて、いつもビチャビチャしているか?と聞かれれば答えはNoだと思う。日本ですらその状態であれば、生息地のアフリカ西部はもっと水分が少ないと推測できる。場所にもよるだろうが、たいていの場所は、表面は乾いていて下に行けば少し土がしっとりしている程度だと思う。そのイメージの水分量を孵化まで保つように管理し、孵化まであと5〜10日という時点はそれよりもやや乾いてしまっても良いと考える（むしろ多少乾き気味になったほうが良いとも考えているが、それは断言できないので明言は避けたい）。

次に温度であるが、これは水分以上に誤解している人が多い。日本人はニワトリ（鳥）のイメージが強いためなのかわから

LESSON

06

ないが、「卵＝温める」と捉えてしまう人を多く見受ける。結論から言ってしまえば「温める」必要は全くない。こう書くと誤解されるかもしれないが、要は飼育温度をそのまま保てばOKである。お母さんヤモリが「ここなら卵を産んでも大丈夫」と思って産んだ環境（温度）をそのまま保つ、それだけである。その温度は各個人によって異なるはずだが、だいたい飼育適温の25～32℃前後だと思うので、そのくらいの温度帯で管理すれば全く問題なく孵化してくれる（事実、孵卵の適温も26～32℃前後である）。そうなると話は簡単で、エアコン管理している場合は、卵を入れた容器を飼育ケージの近くの安全地帯（間違えて容器をひっくり返したりしないような場所）に放置しておけば問題はない。エアコン管理でない場合も、飼育ケージと同じ状況（気温）が作れるように保温（保冷）すれば良いのである。わざわざ孵卵器や冷温庫に入れて卵を飼育温度以上に加温しようとする人ほど失敗することが非常に多い。「温める」のではなく「飼育温度から変化があまりないように管理する」という意識で管理していただきたい。

さて、孵化温度と性別の関係だが、爬虫

類は、孵卵をする時の気温によって雌雄が決定する温度性決定＝TSD（Temperature-dependent Sex Determination）を持つ種類が多い。

もちろん、ニシアフリカトカゲモドキも例外ではなく、温度性決定は存在している。では、その温度帯と法則はどのようになっているか？ ということになるのだが、今のところのデータでは、27～29℃でほぼメス、30℃で両方の性別が発生、31℃でほぼオス、それ以上（32～33℃）ではほぼメスというデータがある。24℃未満、および34℃以上での孵卵は危険性が高まるので避けたほうが無難だろう。特に過剰な高温での孵化は、多くの卵生の生き物において良いことは少ないと考えられるので避けたい。ただし、これらの温度はあくまでも常にほぼ一定の温度に保てることが条件であり、温度変化があるとこのかぎりではない。では、逆に温度変化があっては孵化しないかといえばそうではない。よほど繁殖に力を入れたい人ならともかく、普通に繁殖を楽しみたいという人の場合は、これらの温度設定はあまり深く考えず、ザックリと26～32℃の間で孵化させてあげれば良いだろう。

LESSON

07

幼体の管理と餌付け

卵の管理温度にもよるが、だいたい2カ月前後（50～65日前後）で孵化をする。やや低めで卵を管理していたり、昼夜で若干気温差がある状態で管理している場合はさらに数日かかる場合もあるので、2カ月を過ぎて孵化しないからといってダメだと決めつけるのは良くない。卵によほどの異常（大きく凹んだり全体が激しくカビたり）が見られなければ、ダメ元でしばらくキープしておこう。

孵化した幼体は孵化後1～2日中に脱皮を行うため、その時に乾きすぎないように注意する（ここでも過剰に濡らしすぎることは良くない）。最初の脱皮が終わって1～2日後から餌を食べ出すので、孵化後3～4日程度は餌を与えなくて良い。心配してコオロギなどを入れてしまうケースも見受けられるが、ただ単にストレスとなるだけなので一切不要である。

ここからいよいよ給餌の開始となるが、筆者の場合、コオロギを使用した餌付けしか経験したことがないので、人工飼料を使用した場合などは割愛させていただく。また、デュビアは身体が硬くて扁平のため、生まれたばかりの小さな幼体は好まない個体も多く、コオロギを使用したほうが無難だと思う。

いきなりピンセットから何も細工せずにそのまま食べてくれることは、ほぼあり得ないと思っていただいて良い。一応ダメ元で試してみて、ダメであればまずはケージ内に後脚（長い脚）を取ったコオロギを放しておいて、反応するか様子を見る。野性味溢れる個体であればここですんなり食べる場合も多いのだが、特に改良が進んだ個体は食べないことも多いだろう。その場合、

まずはコオロギが食べ物だと知ってもらう必要がある。では、どうすればいいか。よく使う方法としては、コオロギの頭（胴体のあたりから）をちぎって体液を出し、それを口の周りに擦りつけて味を覚えさせる方法がある。汁の付いた個体はそれを拭き取るように舌をペロペロとする。ここでちょっとしつこいくらいコオロギをくっつけると、味が気に入った個体はそのまま本体へかぶりついて食べてくれる。味がすぐに気に入らなくても、何日かそれを繰り返すと不思議と食べるようになる個体が多いので、根気よく続けたい。ただ、頑固にずっと食べない個体もおり、あまりやりすぎてもストレスとなる可能性もあるので、ある程度のところで見切りをつけて日を改めてトライしよう。

ニシアフリカトカゲモドキ図鑑

- picture book of African fat-tailed gecko -

レオパードゲッコー（ヒョウモントカゲモドキ）ほどではないにせよ、
近年ではさまざまな品種（モルフ）が作り出されているニシアフリカトカゲモドキ。
また、同じ品種でも1匹ごとに個性が見出せ、選ぶ楽しみもあります。
たくさんの写真と共に紹介していきます。

ノーマル・WC（ワイルド）

Normal

お店での表記は「ノーマル」「WC」もしくは何も表記がない場合もある。ノーマルとひと口に言っても、色の濃い薄い・バンドの乱れなどの個体差が多様に見られ、ノーマルだけを見ても選び甲斐があるだろう。CB個体は色が全体的に薄くなる傾向が見られる。赤みの強い個体を選別交配して作出した個体は「タンジェリン」という名で販売されていることも多い。また、ヘテロを持った個体はその血の影響を受け、表現に若干の変化が現れることも珍しくない。

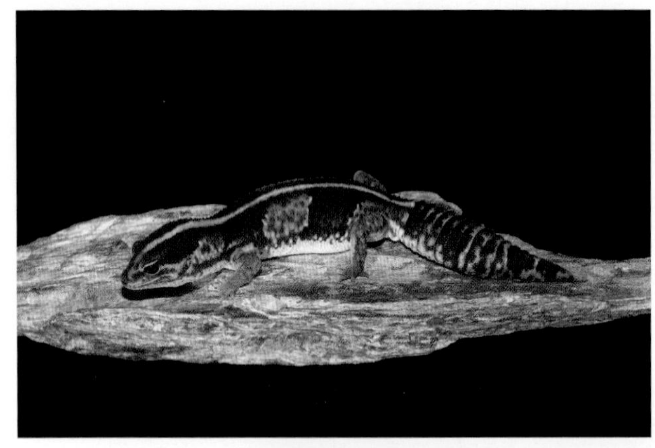

WC。トーゴから輸入された成体

WCの幼体

ノーマル

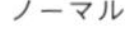

ノーマル

ノーマル

ノーマル

ノーマル。国内CB

ノーマル。色調や模様には個体差が見られる

ノーマル。頭部から背にかけて白いラインが入るものはストライプの名が付くこともある

マーブルアイの個体

オレンジ色の濃い国内CB

WC

ノーマルの幼体

ノーマルの幼体

ノーマル（CB）の幼体

ノーマルの幼体

WCとホワイトアウト
の親から得られた幼体

アプリコット

アベラント

Aberrant

◇ 多因性遺伝

アベラントは直訳すると「異常」という意味になるが、もちろん異常性があるわけではなく、模様の乱れを持つ個体である。ニシアフリカトカゲモドキでは主に濃いバンド模様の部分が途切れたりして乱れている個体のことを指す。もちろん、さまざまなモルフにおいてもその可能性はあり、アベラントホワイトアウト・アベラントオレオなども存在する。野生個体にも存在し、大元はそれらを掛け合わせながら選別交配により固定化している。

アベラント

アベラント

アベラント（再生尾）

グラナイト

Granite

◇ 多因性遺伝

岩の種類である「花崗岩」の意味を持つグラナイト。これはそのままに、花崗岩のような非常に細かい斑紋が体の色の薄い部分に見られる個体である。アベラント同様に選別交配によって受け継がれていくが、遺伝性が低いのか現在でもあまり出回ることが少ない。一方で、野生個体にはこのような個体が見られるので、その中から見つけて購入するのもおもしろいだろう。

グラナイト。読みかたの違いでグラニットと表記されることもある

グラナイト

アルビノ

Albino

◇ 劣性遺伝

ニシアフリカトカゲモドキで、初めて正式なモルフとして登場したのはこのアルビノだと考えられる。アルビノといえば真っ赤な目を想像する人も多いと思うが、ニシアフリカトカゲモドキのアルビノは今のところ全てT+アルビノ（用語解説に解説あり）である。アプリコット・タンジェリンなどの名が付いたアルビノが存在するが、それは選別交配によって作り出されたものであり、基本はどれも同じ系統のアルビノで、枕詞的に付いている色の名前はブリーダーの主観によって付けられる場合が多い。なお、アルビノは場合によって「アメラニ」と呼ばれる場合もある。これはアメラニスティック（Amelanistic）の略称であり、アルビノ（Albino）と指す内容は同じであるので、どちらで呼んでもかまわない。

アルビノ

アルビノ

アルビノ

アルビノ

アルビノ

アルビノ

アルビノ

アルビノ。老成個体

アルビノ。幼体

アルビノ。若い個体

タンジェリンアルビノ

タンジェリンアルビノ

タンジェリンアルビノ

オレンジアルビノ。店頭では色みを示す言葉が添えられていることもある

ハイホワイトオレンジアルビノ

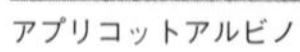

アプリコットアルビノ

アプリコットアルビノ

アプリコットアルビノ

アプリコットアルビノ

チェリーアルビノ
(T-アルビノと思われる個体)

ホワイトアウト

White Out

◇ 共有性遺伝

このモルフの登場がニシアフリカトカゲモドキの人気を一気に押し上げたと言っても過言ではないかもしれない。下地の色が白となり黒の模様が非常に映える、かわいさと格好良さの両方を兼ね備えた印象的なモルフで、初見時の衝撃は今も忘れない。下地の色がやや赤みがかる系統（タンジェリンホワイトアウトとも呼ばれる）も存在するが、どちらも本モルフであることに変わりはない。また、共有性遺伝にはヘテロは存在しないが、ノーマルとの間にできた子供でホワイトアウトではないものの、表現の似た個体が生まれる場合があり、それは「シブリング（Sibling)」と表記されて販売される場合もある。注意していただきたいのは、シブリングは直訳すると単に「兄弟」という意味であり、ヘテロのように遺伝子を持っているという意味ではなく、言ってしまえば「ノーマル」である。それらを次の世代に向けて交配しても基本的には何も作出できないので、入手の際は「シブリング＝ノーマル」と考えておきたい。本モルフ同士の交配（共有性遺伝同士の交配）によって生まれる個体はスーパー体と呼ばれ、非常に美しい姿を見せるが、今のところそれらは全て孵化後短期間で死亡する、いわゆる致死遺伝子とされている。

ホワイトアウト

ホワイトアウト。白と黒のバランスなどは個体間で幅があり、そこに個性を見出す楽しみもある

ホワイトアウト

ホワイトアウト

ホワイトアウト

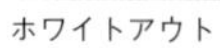

ホワイトアウト

ホワイトアウト

ホワイトアウト

ホワイトアウト

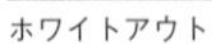
ホワイトアウト

ホワイトアウト

ホワイトアウト

ホワイトアウト

ホワイトアウト

ホワイトアウト

ホワイトアウト。幼体

ホワイトアウト。幼体

ホワイトアウト

ホワイトアウト

ホワイトアウト

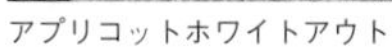
アプリコットホワイトアウト

アプリコットホワイトアウト

オレオ

Oreo

◇ 劣性遺伝

別名（別称）アザンティック=黄色色素欠乏。おそらく“あのお菓子”から取った名であろう。しかし、そのイメージからか、白黒のモルフだと勘違いしている人も多いが実際はそうではなく、ややくすんだ白（グレーに近い）がベースとなり、そこにやや薄まった黒のバンド模様が入る配色が基本形となる。他のモルフと掛け合わせると非常に美しいモルフが出るパターンが多く、繁殖者からの人気は高い。

オレオ

オレオ

オレオ

オレオ

オレオ

キャラメルアルビノ

Caramel Albino

◇ **劣性遺伝**

通常のアルビノよりも濃いめながらマイルドな独特の色合いを持つ第2のアルビノ。ブリーダーなどが表記する際は単に「キャラメル」と表記される場合も多いが全て本モルフのことを指す。それはおそらく先述したアルビノと混同しないように配慮したものと思われ、その理由は普通のアルビノとは全く無関係の、別系統だからである。繁殖させる場合もキャラメルと普通のアルビノを交配させても互換性はなく、生まれてくる子供は全てノーマル表現となってしまうので要注意。

キャラメルアルビノ

キャラメルアルビノ

キャラメルアルビノ

キャラメルアルビノ

キャラメルアルビノ

キャラメルアルビノ

パターンレス

Patternless

◇ **劣性遺伝**

その名のとおり模様が消失した分かりやすいモルフで、ホワイトアウト同様、本モルフの登場も非常に衝撃的であった。完全にほぼ無地になってしまう個体もいれば、黒い斑点だけ残るような個体もいるが、いずれもパターンレスで間違いはない。他のモルフとのコンボが近年目覚ましく、オレオやアルビノなどとのコンボはみごとである。また、断言できないものの、全体的に本モルフの尻尾は幅広の寸詰まりになる傾向があるように思い、それはリスの尻尾のようで非常に愛らしい。

パターンレス

パターンレス

パターンレス

パターンレス

パターンレス

パターンレス

パターンレス

パターンレス。ラインが入るものは、パターンレスストライプの名で流通することもある

パターンレス

パターンレス

パターンレス

ハイホワイトパターンレス

パターンレス。幼体

パターンレス。幼体

ゴースト

Ghost

◇ **劣性遺伝**

初登場時は「いつも脱皮前」などと揶揄されることも多く、国内での注目度はやや低めだったが、2015年前後から徐々に注目され始め、ニシアフリカトカゲモドキの人気が本物となった今ではトップクラスの人気モルフに様変わりした。ハイポメラニスティックの一種で、大元は野生個体から得た個体が起源であるとされる。コンボモルフはもちろん、オレンジ色の部分が濃くなるように選別交配した「タンジェリンゴースト」も存在する。

ゴースト

ゴースト

ゴースト

ゴースト

ゴースト

ゴースト

ゴースト

ゴーストストライプ。ラインが走るものはストライプの名が付けられることもある

ズールー

Zulu

◇ 劣性遺伝

色ではなく模様の遺伝であり、背中の模様（暗色部分）が菱形や矢尻のような模様、場合によってはほぼ真っ直ぐなストライプ状になることもある特徴的なモルフ。Zuluという名は、アフリカの部族の名（Zulu族）から取ったものである。キャラメルアルビノとの交配が有名で、二重劣性コンボモルフの先駆けとされており、それの登場は他の二重劣性モルフへの可能性が拓けたと言われている。

ズールー

ズールー。若い個体

ズールー。若い個体

ズールー。若い個体

ブラッシュズールー。濃い模様に色抜けが見られる

アプリコットズールー

ゼロ

Zero

◇ **共有性遺伝（?）**

ズールー同様、模様のモルフ。ノーマルの濃い部分（バンド模様）が広がり背中側で繋がるように広がり、脇腹部分はほぼ消失するようになる。しかし、個体差は激しく、一見すると別モルフに見えてしまう場合もあるので注意。2021年1月現在も本モルフは愛好家の間で議論されており、共有性遺伝とされているが、少し前まで劣性遺伝とされる見方もあった。検証されているとはいえ、まだ日が浅く、今後の展開によっては二転三転する可能性があるので、注視していきたい。

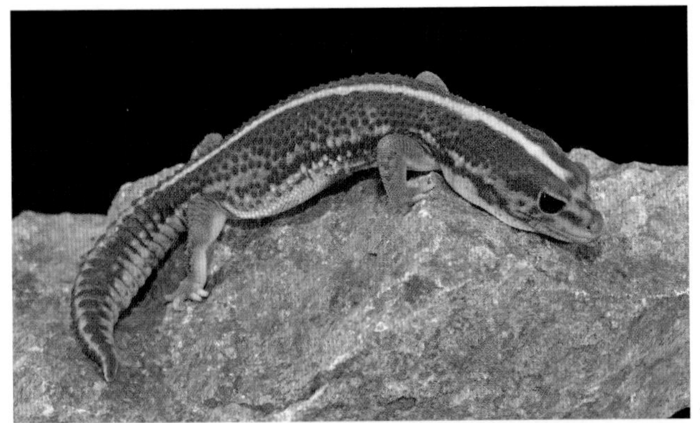

ゼロ

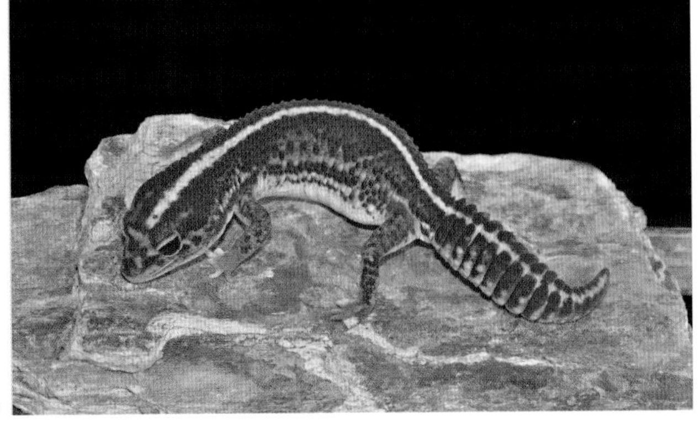

ゼロ

ゼロ

ゼロ

ゼロ

ゼロ。若い個体

ゼロ。幼体

スーパーゼロ

スティンガー

Stinger

◇ **共有性遺伝（?）**

ズールーと似ているが、後肢に近い部分（尾の付け根付近）の模様が針のように先が尖る特徴が現れることからその名が付けられた（Stinger＝針、刺すものという意味）。このモルフも非常に議論されたモルフであり、結論としてはゼロのバリエーション（縞模様のゼロ）ということで落ち着いている。よって、遺伝性もゼロと同様で共有性遺伝であり、ここがZuluとは大きく違う。ただし、ゼロ自体が未だ曖昧な部分が残っているため、本モルフも全てにおいて断言はできない。もちろん、繁殖を目指さないファンの人は、単純に模様がおもしろいモルフとしてかわいがっていただければ良いだろう。

スティンガー

スティンガー

スティンガー

スティンガー

スーパースティンガー

コンボモルフ

こちらはコンボモルフと呼ばれる、2モルフ以上の掛け合わせが行われたうえで出現するモルフを、そのモルフの作出方法と共にいくつか紹介したいと思う。

表記されている組み合わせはあくまでも一例であり、モルフによっては他の掛け合わせ方法があったりするので、各自遺伝情報などを頼りに組み合わせを探してみても良いだろう。注意点としては、ここに記載の情報はあくまでも「2021年1月現在の情報」ということである。ニシアフリカトカゲモドキがメジャーになってきたのはここ15年前後だと思う。爬虫類に比べて歴史の長い熱帯魚の世界（グッピーなどの卵胎生魚など）ですら、未だに遺伝の情報が錯綜していたりするのに、魚よりも歴史が数倍浅く、しかもサイクルが長い爬虫類の遺伝形式を、10年そこそこで全て解明しようというのは虫の良すぎる話だと思う。実際、ここ数年で今まで言われていた遺伝情報が真逆になった例はニシアフリカトカゲモドキだけでもいくつもある。これは筆者の個人的な考えかたであるが、人に「これとこれの組み合わせはダメだよ」と言われたとしても、自分が納得するまでやってみてもいいと思う。3例や5例やっていてダメだったとしても、所詮その程度では単に運が悪かっただけとも考えられるので、周りに流されず自由にトライしていただきたい。

アベラントホワイトアウト
アベラント＋ホワイトアウト（選別交配のため出現は時の運）

ホワイトアウトアメラニ
ホワイトアウトhetアメラニ＋アメラニ
ホワイトアウトhetアメラニ＋ノーマルhetアメラニなど

グラナイトホワイトアウト
グラナイト＋ホワイトアウト(選別交配のため出現は時の運)

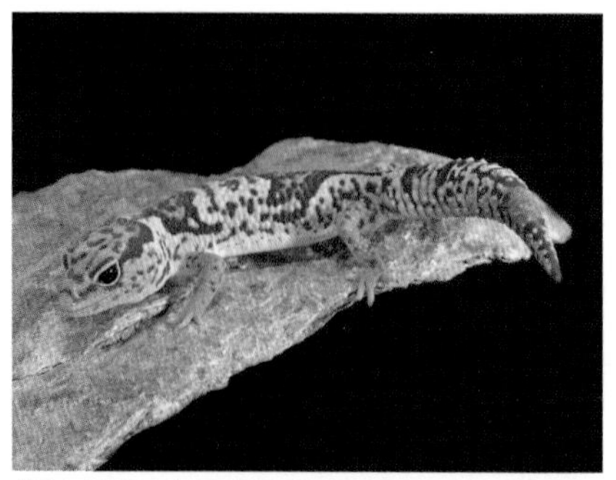

グラナイトホワイトアウト

アメラニパターンレス
アメラニhetパターンレス＋アメラニhetパターンレス、
アメラニhetパターンレス＋パターンレスhetアメラニなど

ホワイトアウトオレオ
ホワイトアウトhetオレオ＋オレオ
ホワイトアウトhetオレオ＋ノーマルhetオレオなど

ホワイトアウトオレオ

ホワイトアウトオレオ

ホワイトアウトオレオ

ホワイトアウトオレオ

ホワイトアウトキャラメル
ホワイトアウトhetキャラメル+キャラメル
ホワイトアウトhetキャラメル+ノーマルhetキャラメルなど

アベラントキャラメル
アベラント＋キャラメル

スノー（キャラメルオレオ）
キャラメルhetオレオ＋キャラメルhetオレオ
キャラメルhetオレオ＋オレオhetキャラメルなど

スノー（キャラメルオレオ）

スノー（キャラメルオレオ）

オレオパターンレス
オレオhetパターンレス＋オレオhetパターンレス
オレオhetパターンレス＋パターンレスhetオレオなど

オレオパターンレス

ゴーストパターンレス
パターレスhetゴースト＋ゴーストhetパターンレス
ノーマルhetゴースト／パターンレス＋ノーマルhetゴースト／パターンレスなど

オレオパターンレス

ホワイトアウトパターンレス
ホワイトアウトhetパターンレス＋パターンレス
ホワイトアウトhetパターンレス＋ノーマルhetパターンレスなど

ホワイトアウトパターンレス

ホワイトアウトパターンレス

ホワイトアウトパターンレス

ホワイトアウトパターンレス

ホワイトアウトパターンレス

ホワイトアウトパターンレス

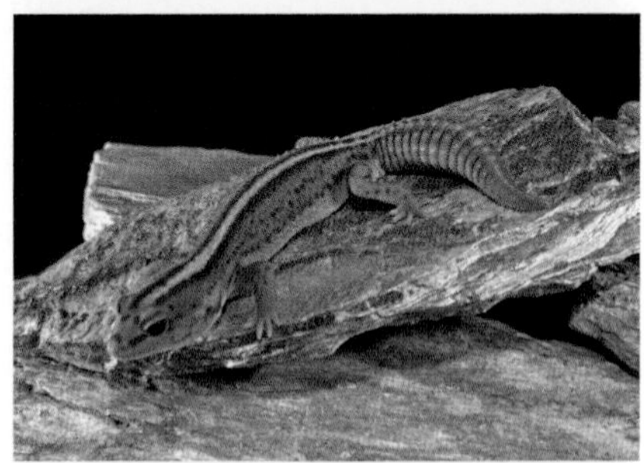
ホワイトアウトパターンレスストライプ

ホワイトアウトオレオパターンレス
ホワイトアウトhetパターンレス／オレオ
＋オレオhetパターンレスなど

ホワイトアウトオレオパターンレス

ゴーストオレオパターンレス
ゴーストhetオレオ／パターンレス＋オレオhetゴースト／パターンレス
オレオパターンレスhetゴースト＋ゴーストhetオレオ／パターンレスなど

ホワイトアウトゴースト
ホワイトアウトhetゴースト＋ゴースト
ホワイトアウトhetゴースト＋ノーマルhetゴーストなど

ホワイトアウトゴーストストライプ

ホワイトアウトゴースト

コンボモルフ

ゴーストオレオ
ゴーストhetオレオ＋オレオhetゴースト
ゴーストhetオレオ＋ゴーストhetオレオなど

ホワイトアウトズールー
ホワイトアウトhetズールー＋ズールー
ホワイトアウトhetズールー＋ノーマルhetズールーなど

ホワイトアウトズールー

ホワイトアウトズールー

オレオズールー
オレオhetズールー＋ズールーhetオレオ
オレオhetズールー＋ノーマルhetズールー／オレオなど

ホワイトアウトゴーストオレオパターンレス
ホワイトアウトパターンレスhetオレオ／
ゴースト＋オレオhetゴースト／パターンレスなど

オレオゼロ
ゼロhetオレオ＋オレオ
ゼロhetオレオ＋ノーマルhetオレオなど

ホワイトアウトキャラメルズールー
ホワイトアウトhetズールー／
キャラメル＋ズールーhetキャラメルなど

基本用語集

- Basic glossary of African fat-tailed gecko -

WC と CB	WC は Wild Caught（catch の過去形）の略で、意味は野生採集。WC や WC 個体と書いてあったら野生採集個体という意味。一方、CB は Captive Breeding（Captive Bred とする場合もある）の略で、意味は飼育下繁殖。CB や CB 個体と書いてあったら飼育下での繁殖個体という意味。
再生尾	読みかたは「さいせいび」。襲われてちぎられたなど、何らかの原因で切れた尾が再び生え戻ったもの。ニシアフリカトカゲモドキの場合、野生個体の半分かそれ以上はこの再生尾ではないかと思うほど、再生尾の個体が多い。再生尾は価格が安くなりがちだが、野生個体の再生尾は仕方ないと思っていただきたい。
ハンドリング	手に生体を乗せたり、ある程度保定（逃げないように保持）したりすること。ニシアフリカトカゲモドキはハンドリングがしやすいヤモリの代表とも言えるが、多くの個体で「掴まれる」ように触られることは非常に嫌がる。個体の腹側に手を滑り込ませるように入れて、包み込むように持ち上げてあげると良いだろう。
モルフ	英語の morph がそのまま使われているが、意味合いとしては直訳である「姿、形」というよりは「品種（としての姿形）」という意味合いで使われる。何らかの形で遺伝性のある品種は、基本的にこの「モルフ」にあてはまると言って良いだろう。
自切	読みかたは「じぎり」ではなく「じせつ」。ヤモリが尾を自らの意思や外部から何らかの力が加わったことにより尾を切り離して（切り落として）しまうこと。ニシアフリカトカゲモドキの場合、何もしていないのに尾を切り離してしまうことは少ないが、外部からの力が加わった時に自切してしまうことが多い。
前肛孔	読みかたは「ぜんこうこう」。多くのヤモリやトカゲの成熟したオス個体において総排泄口のやや上側（頭側）の鱗に見られる分泌器官のことであり、鱗 1 枚 1 枚の中心に穴が空いたように見えたり、鱗の中にさらに鱗があるように見える場合も多い。両後肢の付け根から付け根へ、橋渡しのように繋がっており、「への字の鱗」などと表現することが多いかもしれない。成熟が進んで今までより目立つようになった場合は、分泌物が硬化して付着していることが多い。雌雄判別の貴重な手がかりの 1 つとされることが多いが、発達には個体差（時間差）があるので注意する。
共優性遺伝	英語表記すると codominant（コドミナント）。遺伝形質の 1 つであり、優性遺伝よりさらに強い影響力を持つものという考えかたでも良いかもしれない。優性遺伝を持つモルフは、基本的にはその子供において 50% の確率で自身の特徴が遺伝する（例：ノーマル×優性モルフ A = 50% ノーマル + 50% モルフ A）。そして共優性は、そのモルフ同士を交配させるとその特徴をさらに濃く持った個体（親とは違った外見の個体）が 25% の確率で出るとされ、その個体はスーパー体と呼ばれ、スーパー○○○という名が付けられる場合が多い（例：レオパードゲッコーのスーパーマックスノーなど）。ニシアフリカトカゲモドキでは、有名なホワイトアウトがこの遺伝形質にあてはまる。ホワイトアウトのスーパー体は致死遺伝子だと言われており、孵化する個体はほぼ 100% 生きられないとされているが、それは 2021 年 1 月現在のデータであり、今後、検証が進めばまた変わる可能性もあるので注視したい。
劣性遺伝	英語表記すると recessive（リセッシブ）。こちらも遺伝形質の 1 つであり、劣性というと弱い遺伝子と思われがちだがそうではなく、優性や共優性と遺伝形質が違うだけである。言うなれば表現型として現れやすい遺伝とそうでない遺伝（こちらが劣性遺伝）と言えばわかりやすいだろうか。ニシアフリカトカゲモドキの劣性遺伝は非常に多く、アルビノを筆頭にオレオ・ゴースト・ズールー・パターンレスなどがある。たとえばそれらをノーマルの個体と交配させた場合、次の世代では全て見ためはノーマルの個体が生まれ、100% の確率でヘテロ○○（ここにはその交配させた品種があてはまる）となる。
ヘテロ	正確な表記は hetero で、ヘテロセクシャルの略称（反対語はホモセクシャル）。これはギリシャ語由来の言葉で「違う」「異なる」という意味合いがある。爬虫類界隈ではしばしば「Het」や「het」と表記されることが多く、その表記の後ろ側に付くモルフ名は「見ためには表現されていないけど、その個体にはそのモルフ名の遺伝子が入っていますよ」という意味となる。たとえばノーマル Het アルビノという表記があれば、「見ためはノーマルだけど体内にはアルビノの遺伝子がありますよ」という意。たまにこれを「アルビノヘテロ」という人もいるがそれは間違いであり、話が非常にややこしくなってしまうので注意が必要である。
ポリジェネティック	日本語に直せば多因性遺伝。親の形質（色柄や容姿など）が子に高い確率で遺伝することを意味し、それを持つとするタイプは、より特徴が顕著な個体同士を次々掛け合わせていくと、その特徴が強調されていく傾向が見られる。ニシアフリカトカゲモドキの場合はアベラントやグラナイトがそれにあてはまる。また、アルビノなどにおいても、親個体に赤みの強い個体を使うと次世代にも受け注ぐ可能性が高いので、これらも言うなれば多因性遺伝である。
アルビノ	英語表記すると albino。お目目の真っ赤なウサギは有名だと思うが、それも立派なアルビノである。しかし、ニシアフリカトカゲモドキのアルビノは全てそれと異なる系統のアルビノである。赤目のアルビノはチロシナーゼというメラニン色素を作るための酵素が全く生成できないタイプのアルビノであり、しばしば T- アルビノ（ティーマイナスアルビノ）と表記される（T はチロシナーゼの T）。一方で、ニシアフリカトカゲモドキのアルビノは T+ アルビノ（ティープラスアルビノ）であり、チロシナーゼを生成できるタイプのアルビノである。よって、目は赤くならず、ブドウ目（非常に濃い黒に近い赤）となり、視力もさほど悪くない。
コンボモルフ	コンビネーションモルフと言う場合もある。英語のコンビネーションボーナス（combination bonus）の略語であり、元はゲームなどに使われる用語。爬虫類飼育においては、複数のシングルモルフを組み合わせでできた新しいモルフのことを指す。近年ではニシアフリカトカゲモドキにもさまざまなコンボモルフが誕生しており、ホワイトアウトオレオやオレオパターンレスなどの二重コンボはもちろん、オレオゴーストパターンレスなどの三重コンボも出現している。

Q&A

- Question & Answer -

Q 爬虫類の飼育経験がなくても飼えますか?

A 「飼えます!」と言いたいところですが、それはあなた次第です。本当に「ニシアフリカトカゲモドキを飼いたい!」という強い気持ちをお持ちなら、おそらく大丈夫でしょう。周りに流されて飼育を始めたり、簡単そうだからという理由で飼育したりする人は失敗する場合が多いですね…。初挑戦の場合は、あまり小さな個体ではなくできるだけしっかり成長した大きめの個体から始めると良いでしょう。いずれにしても飼育の際はお店でしっかりとご相談されることを推奨します。

Q 寿命はどのくらいですか?

A 産卵の回数などによっても差が出てきますが、20年をゆうに超える例が多いです。ただ、寿命といっても、極端に言えば個体によっても違います。たとえば、人間も全員が100歳まで生きるわけではありません。また、これは私個人の考えですが、飼育下での寿命は飼育者が握っていると考えています(飼育の仕方次第)。間違った飼育方法をしていれば寿命を縮めることになります。あまりに寿命を気にしすぎることは飼育するにあたってはナンセンスであり、その個体が自身の飼育下で長生きできるよう全力で飼育に取り組みましょう。本文にも書きましたが、近年は過保護(餌の与えすぎなど)が原因で飼育者が寿命を縮めているケースが見られるので、肝に銘じましょう。

Q ハンドリングしたいのですが、どの個体も可能ですか?

A ニシアフリカトカゲモドキは非常におっとりした性格の個体が多く、個人的には下手をしたらレオパードゲッコーよりもハンドリング向きの生き物ではないかと思っています。しかし、100%可能かと言われるとそうではありません。個体差があり、たまに非常に臆病で逃げがちな個体もいます(特に幼体期はその傾向が強いです)。あまりそのような個体を無理に触っているとストレスとなり、尾を切ったり早死にしたりする可能性もあるので、個々の性格を理解したうえで慎重に行うようにしましょう。

Q キッチンペーパーやペットシーツを床材にして飼育できますか?

A 近年、非常に多い質問です。キッチンペーパーに関しては本文でも触れたとおり、手間を考えたうえで自身が問題ないようであれば使用するのは問題ありません。ただし、ペットシーツに関しては、大型個体が万が一ペットシーツを囓ってしまった場合、内部の吸水ポリマー材を食べてしまう危険性があるので、ペットシーツ自体に餌のにおいが付いたりしないようにしたいところです(においが付いていると囓る可能性があります)。また、コオロギなどをバラマキで与える場合も、噛りついた時に一緒に食べてしまわないよう注意が必要です。キッチンペーパーは所詮紙なので多少食べても大きな問題はありませんが、吸水ポリマー材を大量に食べてしまうと、体内でそれが膨張して滞留し、最悪の場合は開腹手術が必要となってしまいます。そういう意味でも、あまり使用しないほうが無難でしょう。

Q 多頭飼育したいのですが、可能でしょうか?

A 難しいところですが、完全無傷で飼育したいようであればやめておいたほうが無難です。メス同士などはケージのキャパをオーバーしなければ同居飼育も可能ではありますが、相性もあるし、餌の取り合いなどで間違えてお互いを噛んでしまうことも考えられます(尾を噛まれたら自切する可能性も高いです)。ニシアフリカトカゲモドキは群れて嬉しい習性は全くないので、単独飼育を基本線に、繁殖を目指す時にオスとメスを一時的に入れる程度に留めるほうが無難だと思います。

Q 旅行で1週間程度家を留守にする場合、どうしたら良いでしょう?

A 季節にもよりますが、温度だけ気をつけたうえで「放置」していくことをおすすめします。気温が高くなる時期、もしくは非常に寒い時期は、設定をゆるめでも良いのでエアコンをつけていくのが無難。餌は、よほどの幼体などでなければ、1週間程度はなくても影響ありません。水分も出かける前に軽く霧吹きをしていけば問題ありませんが、心配であれば水入れを配置していくと良いでしょう。最も良くないのは、行く前にたくさん食べさせること、そして、ケージ内にコオロギをたくさん放していくことです。出かける前(もしくは出かけている最中)にたくさん食べて、仮に不在中にもし温度が低下して吐き戻ししてしまったら対応が遅れてしまいます。また、放しているたくさんのコオロギにまとわりつかれて過度なストレスになってしまう可能性もあります。お出かけ前日、もしくは前々日にいつもの量を与え、水入れの水の交換をしていくだけで十分です。不安であれば、床材を交換して霧吹きを気持ち多めにしておくことは良いかもしれません。

野生個体(WC個体)と繁殖個体(CB個体)、どちらがおすすめですか?

A 非常に多いご相談です。もしあなたがニシアフリカトカゲモドキの飼育初挑戦ということであれば、CB個体、もしくは輸入後しばらく(1カ月以上)経過し、状態の安定したWC個体をおすすめします。値段だけ見れば、たとえばノーマル種であってもCB個体はWC個体よりもだいぶ高額になります。それだけを見るとどうしてもWC個体を選びがちですが、特に輸入したばかりのWC個体は非常に不安定です。筆者も輸入元として何度も輸入の経験がありますが、状態が安定するまで非常に時間がかかるうえに、到着の状態によっては回復しない場合も多いです。そのリスクを考えれば、多少高くともCB個体を選んでいただきたいと考えます。また、お店で長くキープされているWC個体も、リスクがだいぶ軽減されていると考えるのでそちらを選ぶのも良いと思いますが、人気種故になかなか残っていないことも多いので、自身の予算とタイミングを考えて選んでください。

Q 飼育している個体が自切してしまいました。何か処置したほうがいいですか?

A 完全に(きれいな形で)自切したのであれば、そのまま放っておけば問題ありません。下手に何かをしても逆効果になるかもしれません。強いて言えば、しばらくは自切した断面が剥き出しになるので、そこから雑菌が入らないようにするために、いつも以上に清潔な環境を保つことを心がけてください。尾には栄養が溜まっているからと心配する人もいますが、尾の栄養はいわば「非常食」のようなものです。一時的になくなっても、生きていくだけなら特に影響はありません。

Q 飼育を開始しましたが、シェルターからなかなか出てきません。具合が悪いのでしょうか?

A レオパードゲッコーと比べてニシアフリカトカゲモドキはやや臆病でシャイな性格の個体が多いのと、もともと穴ぐらが大好きな生き物のため、飼育環境に慣れるのに時間がかかります。レオパードゲッコーの場合はすぐにシェルター外で寝たり捕食したりする個体も多く見られますが、ニシアフリカトカゲモドキの場合はそこまで至るのにやや時間がかかります。出てこないけど一応餌は食べているし糞もしているという状態であれば、環境に慣れるまでそっと見守りながらじっくり飼育してあげましょう。

噛みますか?

A もちろん口があるので噛みますよ…という意地悪な回答ではありませんが、念のため噛むと思っておいてください。ニシアフリカトカゲモドキは非常に温厚な生き物で、筆者も何百匹と取り扱ってきましたが、本種に噛まれた経験はほとんどありません。ただ、もちろん嫌なことをされれば怒り、威嚇してくるし、もしかしたらその延長で噛まれることもあるかもしれません。特に野生個体(WC個体)は性格が野性味溢れている個体も多く、動きも機敏なものが多いです。万が一、大型個体に噛まれれば多少手傷を負うかもしれないので、念のため注意しながら接するに越したことはないでしょう。

イベントで購入した個体が餌を食べません。病気でしょうか?

A 近年増えているご相談です。もちろん病気という可能性も0%ではないですが、たいていの場合は環境の変化が原因だったりします。お店の管理温度は比較的高めの場合が多く、エアコン管理などで24時間ほぼ一定の温度を維持しています。それが個人宅に移動して、温度が不安定だったり、冬場で夜間温度が若干下がったりする状況だと餌を食べないことがしばしばあります。では、どうすれば良いかといえば、自身の飼育環境がよほどトンチンカンな温度設定にしていないかぎりは、その温度のまましばらく飼育してみてください。その温度の環境に慣れて餌を食べ出すことがほとんどです。魚類などにもあてはまりますが、生き物は気温や水温・環境の変化があると、その状況に馴染むことを優先するため捕食活動などを一時止め、馴染んだ頃にまた再開します。大型個体ほど時間がかかることが多いですが、焦らずじっくりやってみてください。餌を食べないと過剰に加温したがる人がいますが、場合によっては自殺行為になるので注意しましょう。

- profile -

執筆者

西沢 雅(にしざわ まさし)

1900年代終盤東京都生まれ。専修大学経営学部経営学科卒業。幼少時より釣りや野外採集などでさまざまな生物に親しむ。在学時より専門店スタッフとして、熱帯魚を中心に爬虫・両生類、猛禽、小動物など幅広い生き物を扱い、複数の専門店でのスタッフとして接客業を通じ知見を増やしてきた。そして2009年より通販店としてPumilio(プミリオ)を開業、その後2014年に実店舗をオープンし現在に至る。2004年より専門誌での両生・爬虫類記事を連載。そして2009年にはどうぶつ出版より『ヤモリ、トカゲの医食住』を執筆、発売。2011年には株式会社ピーシーズより『密林の宝石 ヤドクガエル』を執筆、発売。2020年には『有尾類の教科書』『ミカドヤモリの教科書』(笠倉出版社)を執筆、発売。

【参考文献】・ビバリウムガイド90号・クリーパー数冊

STAFF

監修	西沢 雅
写真・編集	川添 宣広
写真提供	金子 勉、たじたじ
撮影協力	アクアセノーテ、aLiVe、泉山弘樹、岩本妃順、ULTRA、大津熱帯魚、SGJAPAN、エンドレスゾーン、オリュザ、クリーパー社、小林昆虫、sai、サムライジャパンレプタイルズ、JMG Reptile、須佐利彦、スドー、積博史、蒼天、高田爬虫類研究所、津野仁、ドリームレプタイルズ、トロピカルジェム、永井浩司、ネイチャーズ北名古屋店、バグジー、爬虫類倶楽部、プミリオ、Bebe.Rep、ペットショップ不二屋、マニアックレプタイルズ、マルフジ超生物界研究所、やもはち屋、油井浩一、ラセルタルーム、リミックス ペポニ、レプタイルストアガラパゴス、ワイルドモンスター
表紙・本文デザイン	横田 和巳（光雅）
企画	鶴田 賢二（クレインワイズ）

|飼育の教科書シリーズ|

ニシアフリカトカゲモドキの教科書

ニシアフリカトカゲモドキの基礎知識から
飼育・繁殖方法と各品種の紹介

2021年4月12日　初版発行
2022年9月15日　第2版発行

発行者　笠倉伸夫

発行所　株式会社笠倉出版社
〒110-8625　東京都台東区東上野2-8-7 笠倉ビル
☎0120-984-164（営業・広告）

印刷所　三共グラフィック株式会社

ISBN978-4-7730-6125-3